# 规范引力对偶及其在凝聚态物理中的应用

吴健聘　著

北　京
冶　金　工　业　出　版　社
2014

# 内容简介

本书共4章。第1章对经典弦论、$D$膜及规范引力对偶词典做一简单介绍，并介绍几个重要的反德西特黑膜，包括最一般的RN-AdS黑膜、Lifshitz黑膜、Hyperscaling violation黑膜和零基态熵黑膜，分析其近视界几何。第2章主要导出对角度归的弯曲时空狄拉克方程，并简单介绍RN-AdS黑膜背景的费米谱函数特点，导出非相对论性费米定点的低能行为。第3章介绍全息超导模型的两种构建方法：bottom-up构建和top-down构建。第4章介绍全息实现平移对称性破缺的三种方法：手动导入非均匀对偶边界的源；通过在拉格朗日量中加入拓扑项导致的平移对称性自发破缺；导入一引力子质量项，并重点介绍非对角弯曲时空几何狄拉克方程的导出。

本书的出版得到国家自然科学基金(No.11305018)的资助，适用于物理等相关专业的研究人员、教师、研究生和本科高年级学生阅读。

**图书在版编目(CIP)数据**

规范引力对偶及其在凝聚态物理中的应用/吴健聘著. —北京：冶金工业出版社，2014.4

ISBN 978-7-5024-6529-2

Ⅰ.①规… Ⅱ.①吴… Ⅲ.①凝聚态—物理学—研究 Ⅳ.①O469

中国版本图书馆CIP数据核字（2014）第051741号

出版人　谭学余

地　址　北京北河沿大街嵩祝院北巷39号，邮编100009

电　话　(010)64027926　电子信箱　yjcbs@cnmip.com.cn

责任编辑　李　臻　美术编辑　杨　帆　版式设计　孙跃红

责任校对　李　娜　责任印制　李玉山

ISBN 978-7-5024-6529-2

冶金工业出版社出版发行；各地新华书店经销；三河市双峰印刷装订有限公司印刷

2014年4月第1版，2014年4月第1次印刷

148mm×210mm；3.75印张；112千字；114页

**25.00元**

**冶金工业出版社投稿电话：(010)64027932　投稿信箱：tougao@cnmip.com.cn**

**冶金工业出版社发行部　电话：(010)64044283　传真：(010)64027893**

**冶金书店　地址：北京东四西大街46号(100010)　电话：(010)65289081(兼传真)**

（本书如有印装质量问题，本社发行部负责退换）

# 前　言

笔者从 2010 年初开始研究规范引力对偶及其在凝聚态物理中的应用，至今已经 4 年。在国际刊物上发表相关学术论文十多篇，包括全息超导、全息费米系统、全息平移对称性破缺等的相关研究。规范引力对偶也称 AdS/CFT 对偶，是全息原理的一个严格实现。全息原理是将引力理论和非引力理论 (例如量子场论) 关联起来的一个重要思想。一方面，它允许利用弱耦合经典引力中的技术来研究强耦合量子系统；另一方面，利用全息对偶词典，原则上可以分析引力的量子化问题，这是理论物理最主要的挑战之一。尽管，对这个基本原理及其机制的理解仍然很有限，但是，作为一种强弱耦合的对偶，全息原理在高能粒子物理和凝聚态物理等领域已经有了广泛的应用，并带来了一些新的突破。2008 年，哈佛大学的 Hartnoll 等利用 AdS/CFT 对偶的方法建立了全息超导体模型。自此，引起了国内一些引力和弦论专家的关注，并开始进行相关的研究，目前已取得一些不错的成果。规范引力对偶及其应用是当前理论物理的前沿。20 世纪 80 年代中期以来，人们已经发现了大量新的奇异金属材料，它们的热动力学和输运特性强烈偏离于传统朗道费米液体理论所描述的特征。这些所谓的非费米液体包括高温铜酸盐超导体的奇异金属相以及近量子相变的重费米系统。到目前为止，仍然没有令人满意的理论框架来描述它们。非费米液体本质上是强耦合系统，如何理解强耦合费米系统以及寻找其背后的组织原则是当前理论物理最具挑战性的问题之一。

本书不是一个综述性的评论。由于笔者对入门时的困难有切身体会，因此，本书从经典弦论基础，特别是和规范引力对偶相关的 $D$ 膜讨论出发做一简单介绍，这样的处理对入门者迅速理解规范引力对偶应有所帮助。此外，特别注重一些细节和技术性的困难，例如关于弯曲时空中狄拉克方程的导出，在一般的研究性文献里面并没有给出详细的推导过程，而这正是进行这方面研究的一个困难所在。笔者在第 2、4 章分别给出了一般静态对角度归、静态非对角度归和动态的 Vaidya BTZ 黑洞几何背景的狄拉克方程的详细导出过程。狄拉克方程在视界处的边界条件的导出也是一个难点，一般的研究性文献也仅仅给出结果，笔者在第 2 章分别给出了几个不同的近视界几何的边界条件的详细导出过程，希望这样的处理能对开始进行相关研究的研究人员有所帮助。而相关前沿方面的研究进展可参考本书的参考文献及其他相关文献。

本书第 4 章大部分内容来自与凌意教授、牛超博士、冼卓宇和张宏宝博士的相关合作，也得益于与李伟佳博士和曾化碧博士的相关讨论，以及方励青、葛先辉、况小梅、田雨、王斌、吴小宁、吴俊宝、周洋等同行的合作和讨论，在此表示深切的谢意。此外，也感谢渤海大学的张德福博士和张继芳老师对本书的写作和出版的密切关注和大力支持。本书的出版也得到国家自然科学基金 (No. 11305018) 的资助。

作 者

2014 年 1 月

# 目　录

# 1 规范引力对偶

## 1.1 弦论基础

本节将简单介绍弦论的基本概念。标准的弦论教科书可参考文献 [1]~[7]。简短而清楚的综述可参考文献 [8]。本节中的约定为：大写字母 $M$, $N$, $\cdots$ 为时空指标，小写字母 $m$, $n$, $\cdots$ 为世界体积指标；$G_{MN}$ 为时空度规，$g_{mn}$ 为世界体积上的诱导度规。

### 1.1.1 *p*-膜

弦论最基本的要素是弦。弦是一维的延展体。弦随时间演化，在时空中扫出一个二维面，称为弦世界面，相应于点粒子的世界线。在弦论中，还存在其他的延展体——$p$-膜。点粒子为 0-膜，弦是 1-膜，2-膜也叫膜片 (membrane)。$p$-膜的自由运动由长度、面和体积的最小作用量原理决定。

#### 1.1.1.1 点粒子

点粒子作用量正比于世界线的长度，可写为

$$S_0 = -m \int_\gamma \sqrt{-\mathrm{d}X^M \mathrm{d}X^N G_{MN}(X)} = -m \int_{\lambda_0}^{\lambda_1} \mathrm{d}\lambda \sqrt{-g_{\lambda\lambda}(\lambda)} \quad (1\text{-}1)$$

由于作用量 $S_0$ 为无量纲量，故 $m$ 的量纲为长度量纲的倒数，即 $[m] = L^{-1}$。在自然单位制中，$M = L^{-1}$，故 $m$ 的量纲为质量量纲。从弦论的观点看，时空坐标 $X^M(\lambda)$ 是世界线上的场。$\lambda$ 为世界线坐标。$g_{\lambda\lambda}$ 为世界线诱导度规

$$g_{\lambda\lambda}\big(X(\lambda)\big) = \frac{\mathrm{d}X^M}{\mathrm{d}\lambda} \cdot \frac{\mathrm{d}X^N}{\mathrm{d}\lambda} G_{MN}(X) \quad (1\text{-}2)$$

世界线坐标 $\lambda$ 的选取具有任意性，即作用量 $S_0$ 是微分同胚不变的 (重参数化不变)。具体说，即在变换 $\lambda \to \lambda'(\lambda)$, $\lambda'(\lambda_0) = \lambda_0, \lambda'(\lambda_1) = \lambda_1$

下，作用量 $S_0$ 不变，因此，需要规范固定。通常的一个规范是静态规范

$$\lambda = X^0(\equiv t) \tag{1-3}$$

此规范将世界线上的类时坐标和时空中的时间坐标认同。另一常用的规范是

$$\frac{\mathrm{d}X^M}{\mathrm{d}\tau}\cdot\frac{\mathrm{d}X^N}{\mathrm{d}\tau}G_{MN} \equiv U^M U_M = -1 \tag{1-4}$$

$\lambda = \tau$ 为固有时。

但是，式 1-1 有一平方根，对自由例子而言，没有问题，但对弦而言，将是一个问题，后面将讨论到。此外，此式仅对有质量粒子有效。经典上，存在一个等效的作用量。它不包含平方根，而且还允许推广到无质量情形。此作用量称为质壳 (on-shell) 等效的作用量

$$\widetilde{S}_0[e, X] = \frac{1}{2}\int_{\lambda_0}^{\lambda_1}\mathrm{d}\lambda\Big(e^{-1}\partial_\lambda X^M\partial^\lambda X_M - m^2 e\Big) \tag{1-5}$$

$e(\lambda)$ 为辅助场，是世界线上的单标架场 (einbein)。式 1-5 和式 1-1 的等价性证明如下

$$\begin{aligned}
\mathcal{L} &= \frac{1}{2}\Big(e^{-1}\partial_\lambda X^M\partial^\lambda X_M - m^2 e\Big)\\
&\Rightarrow 0 = \frac{\partial\mathcal{L}}{\partial e} = \frac{1}{2}\Big(-e^{-2}\partial_\lambda X^M\partial^\lambda X_M - m^2\Big)\\
&\Rightarrow \partial_\lambda X^M\partial_\lambda X^N G^{MN} + m^2 e^2 = 0 \qquad \Big(\Rightarrow e = \frac{1}{m}\sqrt{-g_{\lambda\lambda}}\Big)\\
&\Rightarrow \mathcal{L} = \frac{1}{2}(-m^2 - m^2 e) = -m^2 e = -m\sqrt{-g_{\lambda\lambda}}
\end{aligned}$$

基本思想是对辅助场 $e$ 变分，导出运动方程 (第三行)，然后将运动方程重新代回式 1-5，即可得到式 1-1。

现在，在 bulk 时空中导入电磁场 $A_1(x) = A_M(x)\mathrm{d}x^M$。要强调的是，这是在时空里的场。其作用量为

$$S_M = -\frac{1}{4}\int_M \mathrm{d}^D x\sqrt{-G}F^{MN}F_{MN} \tag{1-6}$$

麦克斯韦场可以和粒子世界线耦合，其作用量为

$$S_{0WZ} = -q\int_\gamma \mathrm{d}X^M A_M(X) = -q\int_\gamma \mathrm{d}\lambda\frac{\mathrm{d}X^M}{\mathrm{d}\lambda}A_M(X) \tag{1-7}$$

此作用量称为 Wess-Zumino 作用量，$q$ 为粒子电荷。式 1-7 在规范变换 $\delta A_M = \partial_M \theta(x)$ 下不变，要求 $X^M(\lambda)$ 为有源场，即世界线必终止于源。类比于电场线必终止于电荷。

#### 1.1.1.2 $p$-膜

$p$-膜是 $p$ 维延展物体，可由 $\sigma^m$ $(m=0,1,\cdots,p)$ 参数化，并通过时空坐标 $X^M(\sigma)$ 嵌入到 bulk 时空中。作用量正比于 $p$-膜所扫的体积

$$S_p = -T_p \int_\Sigma \mathrm{d}^{1+p}\sigma \sqrt{-\det g_{mn}(\sigma)} \tag{1-8}$$

$g_{mn}\big(X(\sigma)\big) = \partial_m X^M \partial_n X^N G_{MN}(X)$ 为世界体积的诱导度规。$T_p$ 为 $p$-膜张力，量纲为 $M^{1+p}$。$p$-膜和其他时空场之间的相互作用可参考文献 [1]~[8]，在此不详述。

### 1.1.2 弦

#### 1.1.2.1 Nambu-Goto 作用量

$p=1$ 的延展体为弦，其作用量为

$$S_1[X] = -\frac{1}{2\pi\alpha'} \int_\Sigma \mathrm{d}^2\sigma \sqrt{-\det g_{mn}(\sigma)} \tag{1-9}$$

此即 Nambu-Goto 作用量。世界面坐标为 $\sigma^m = (\tau, \sigma)$。$\alpha' = l_s^2$，$l_s$ 为弦长度。有两种弦，即开弦和闭弦。闭弦扫出没有边界的世界面，而开弦扫出有边界的世界面。

若定义 $\dot{X}^M := \dfrac{\partial X^M}{\partial \tau}, (X^M)' := \dfrac{\partial X^M}{\partial \sigma}$ 以及 $A\cdot B := A^M B^N G_{MN}$，则弦世界面上的度规可写为

$$\begin{aligned} g_{\tau\tau} &= G_{MN} \frac{\partial X^M}{\partial \tau} \cdot \frac{\partial X^N}{\partial \tau} = \dot{X}^2 \\ g_{\tau\sigma} &= G_{MN} \frac{\partial X^M}{\partial \tau} \cdot \frac{\partial X^N}{\partial \sigma} = \dot{X} \cdot X' (= g_{\sigma\tau}) \\ g_{\sigma\sigma} &= G_{MN} \frac{\partial X^M}{\partial \sigma} \cdot \frac{\partial X^N}{\partial \sigma} = (X')^2 \end{aligned} \tag{1-10}$$

写成矩阵形式，则

$$g_{mn} = \begin{pmatrix} \dot{X}^2 & \dot{X} \cdot X' \\ \dot{X} \cdot X' & (X')^2 \end{pmatrix} \tag{1-11}$$

在此约定下，式 1-9 可写为

$$S_1[X] = -\frac{1}{2\pi\alpha'} \int_\Sigma \mathrm{d}^2\sigma \sqrt{(\dot{X} \cdot X')^2 - \dot{X}^2 (X')^2} \tag{1-12}$$

通过变分此作用量，可求得相应的共轭动量

$$P_M^\sigma = \frac{\partial \mathcal{L}}{\partial (X^M)'} = -T \frac{(\dot{X} \cdot X')\dot{X}_M - \dot{X}^2 X'_M}{\sqrt{(\dot{X} \cdot X')^2 - \dot{X}^2 X'^2}} \tag{1-13}$$

$$P_M^\tau = \frac{\partial \mathcal{L}}{\partial (\dot{X}^M)} = -T \frac{(\dot{X} \cdot X')X'_M - X'^2 \dot{X}_M}{\sqrt{(\dot{X} \cdot X')^2 - \dot{X}^2 X'^2}} \tag{1-14}$$

### 1.1.2.2 Polyakov 作用量

由于式 1-9 有一平方根，不方便量子化。类似于前面所讨论的粒子作用量的情况，Nambu-Goto 作用量亦有一质壳等效的作用量，即 Polyakov 作用量 (也称弦西格玛模型)

$$\widetilde{S}_1[X, \gamma] = -\frac{1}{4\pi\alpha'} \int_\Sigma \mathrm{d}^2\sigma \sqrt{-\gamma} \gamma^{mn} \partial_m X^M \partial_n X^N G_{MN}(X) \tag{1-15}$$

相应于点粒子作用量中所导入的辅助场 $e(\lambda)$，$\gamma_{mn}(\tau, \sigma)$ 为世界面上的辅助场。此辅助场不同于诱导度规 $g_{mn}$。同样，对于世界面坐标 $(\tau, \sigma)$ 也具有选择的任意性。如果弦世界面上的欧拉示性数为零，可以选择 $\gamma_{mn}(\tau\sigma) = \eta_{mn}$，称为共形规范。但共形规范仍然不能完全固定规范自由度。

### 1.1.2.3 边界条件

对式 1-9 做变分，可以导出弦的运动方程

$$\frac{\partial P_\mu^\tau}{\partial \tau} + \frac{\partial P_\mu^\sigma}{\partial \sigma} = 0 \tag{1-16}$$

此运动方程为微分方程，要解此方程，需要给定弦的边界条件。对闭弦而言，边界条件为

$$X^M(\tau,\sigma)=X^M(\tau,\sigma+\pi) \tag{1-17}$$

对开弦而言，有两种类型的边界条件。第一种为诺伊曼边界条件 (Neumann boundary condition)，也称为“第二类边界条件”。诺伊曼边界条件指定了微分方程的解在边界处的微分

$$P_M^\sigma\Big|_{\sigma=0,\pi}=0 \tag{1-18}$$

或者

$$\frac{\partial X^M}{\partial\sigma}\Big|_{\sigma=0,\pi}=0 \tag{1-19}$$

从式 1-13 可看出上面两式等价。诺伊曼边界条件表明没有动量从弦的端点流出，弦的端点可以在 bulk 时空自由运动。因此，诺伊曼边界条件亦称为自由端点边界条件。

另一类边界条件为狄利克雷边界条件 (Dirichlet boundary condition)，也称为“第一类边界条件”。狄利克雷边界条件指定微分方程的解在边界处的值

$$P_M^\tau\Big|_{\sigma=0,\pi}=0 \tag{1-20}$$

或者

$$X^M\Big|_{\sigma=0,\pi}=c^M \tag{1-21}$$

$c^M$ 为常数。这两个边界条件的等价性亦可从式 1-14 中看出。狄利克雷边界条件表明弦的端点固定在 bulk 时空中，因此也称为定点边界条件。当弦的端点加上狄利克雷边界条件时，在弦的端点上，动量不再守恒，有动量从弦的端点流出 (进)。因此，弦的端点需要搭在另外的延展体上。此延展体称为 $Dp$-膜。

具体地说，弦的端点搭在 $p$-膜上，表明弦的端点被限制在 $p$-膜所产生的 $p+1$ 维 $(M=m=0,1,\cdots,p)$ 超曲面上运动，在此 $p+1$ 维超曲面上，应该加上诺伊曼边界条件。而在剩下的 $D-p-1$ 维 $(M=a=p+1,\cdots,D-1)$，则应加上狄利克雷边界条件。因此，从另

一角度看，开弦端点扫出了 $p+1$ 维超曲面，此超曲面称为 $Dp$-膜。关于 $Dp$-膜的详细讨论，可参考文献 [3]、[9]~[12]。在下一小节，仅给一简单的介绍。

### 1.1.3 *D*-膜

$D$-膜为一类超曲面，是可以让开弦的端点以狄利克雷边界条件固定的物体。电磁相互作用，强相互作用和弱相互作用约束在膜上，而引力分布在整个时空。因此，引力为高维所稀释。这解释了引力比其他相互作用要弱的原因。$D$-膜是许多超引力反对称形式的基本电荷和磁荷。引力的解 —— 黑 $p$-膜和 $D$-膜可以认同。

对不同的弦论而言，$D$-膜的维数是有约束的。对于Ⅱ B 型弦论而言，$p$ 为奇数 ($p=-1,\ 1,\ ,3\ ,5,\ 7,\ 9$)。对于Ⅱ A 型弦论，$p$ 为偶数 ($p=0,\ 2,\ ,4\ ,6,\ 8$)。对于Ⅰ型弦论，$p=1,\ 5,\ 9$。

开弦的无质量激发给出标量场，规范场和费米超对称伙伴。搭在 $Dp$-膜上的开弦的量子化给出 $D-p-1$ 个无质量标量场 —— 横向扰动。这 $D-p-1$ 个标量场描述了 $Dp$-膜的横向位置。标量场导致了在这 $D-p-1$ 个横向上的平移对称性破缺。单个 $D$-膜也激发世界体积上的单个 $U(1)$ 多重态，这个无质量的矢量场来自于零长度的弦 —— 起点和终点皆搭在膜的同一位置。

如果有 $N$ 个 $D$-膜，则开弦可以从膜 $i$ 延伸到膜 $j$，标记为 $[ij]$，其中，$i,j\in\{1,N\}$。$i$，$j$ 称为 Chan-Paton 因子。每一个弦的终点携带一规范群的 Chan-Paton 因子。$U(1)$ 矢量场根据相对 $D$-膜的进入和逸出进行标记，分别为基本表示和反基本表示，因此可看作自伴场。

$D$-膜的作用量为 Dirac-Born-Infeld (DBI) 作用量。DBI 作用量是 $p$-膜作用量 (式 1-8) 加上一些额外项。这些额外项包括反对称的二形式场 $F_{mn}$ 及相应的陈西蒙斯项。在弦标架下，其形式为

$$S_{\mathrm{DBI}}=-T_p\int \mathrm{d}^{p+1}\sigma \mathrm{e}^{-\Phi}\sqrt{-\det(P[G+B]_{mn}+2\pi\alpha' F_{mn})}+\frac{(2\pi\alpha')^2}{2}T_p\int P[C^{(p+1)}]\wedge F\wedge F \tag{1-22}$$

$\Phi$ 为伸缩子 (Dilaton)，$B$ 为 NS-NS 2-形式场。上式为 $D$-膜上阿贝尔规范理论玻色型部分。当有 $N$ 个 $D$-膜重合在一起时，其世界体积上

的规范理论为非阿贝尔的，玻色部分作用量为

$$S_{\mathrm{DBI}}^{NA}=-T_p\mathrm{Str}\int \mathrm{d}^{p+1}\sigma\sqrt{\det Q}\times$$
$$\left\{\det\left[P_{mn}\left(E_{MN}+E_{M\mu}(Q^{-1}-\delta)^{\mu\nu}E_{\nu N}\right)+2\pi\alpha' F_{mn}\right]\right\}^{\frac{1}{2}} \tag{1-23}$$

在上面作用量中，没考虑 WZ 项。其中，$Q^{\mu}{}_{\nu}=\delta^{\mu}{}_{\nu}+i2\pi\alpha'[\Phi^{\mu},\Phi^{\rho}]E_{\rho\nu}$，$E_{MN}=g_{MN}+B_{MN}$。关于 DBI 作用量的费米场部分，在此不详述，可参考文献 [13]。

## 1.2 规范引力对偶

基于贝肯斯坦和霍金关于黑洞熵的研究，特霍夫特和沙氏金提出了全息原理[14]。全息原理认为，一个系统原则上可以由它边界上的一些自由度完全描述。具体地说，一个包括引力的动力学系统可以由其边界上的量子场论描述。AdS/CFT 对偶 [15~17] 是全息原理的严格实现。AdS/CFT 对偶的全称为反德西特/共形场论对偶 (Anti-de Sitter/Conformal Field Theory Correspondence)。AdS/CFT 对偶也称为规范弦对偶或规范引力对偶。AdS/CFT 对偶可表述为：$d+1$ 维反德西特 ($\mathrm{AdS}_{d+1}$) 时空中的弱耦合经典引力理论对应于边界上 $d$ 维强耦合量子场论。这表明，强相互作用多体理论中的一些复杂问题可以映射到经典引力中的简单问题。AdS/CFT 对偶有多种表述方式。最初的表述为，$\mathrm{AdS}_5\times S^5$ 空间中的ⅡB 型弦论，和 (3+1) 维闵可夫斯基时空中的超对称 $\mathcal{N}=4$ 杨–米尔斯规范场之间存在一一对应关系。本节将从最初的表述出发进行讨论，相关的讨论可参考文献 [9]~[12]，[15]~[18]。

### 1.2.1 AdS/CFT 对偶

考虑超弦理论中的 $D3$ 膜。在超弦中，时空的维数为 10。$D3$ 膜是 10 维时空中的超曲面，开弦端点以狄利克雷边界条件固定其上。在低能极限下，这些开弦的自由度对应于超对称 $\mathcal{N}=4$ 杨–米尔斯规范场，其规范群为 $U(N)$。$N$ 为 RR 荷的数目，也是 $D3$ 膜的个数。

另外，$D3$ 膜也是 10 维Ⅱ B 型超引力的孤立子解，其形式为

$$\mathrm{d}s^2 = H_3(r)^{-\frac{1}{2}}\eta_{ij}\mathrm{d}x^i\mathrm{d}x^j + H_3(r)^{\frac{1}{2}}(\mathrm{d}r^2 + r^2\mathrm{d}\Omega_5{}^2) \tag{1-24}$$

其中调和函数 $H_3(r)$ 为

$$H_3(r) = \left(1 + \frac{L^4}{r^4}\right), \qquad r^2 = \sum_{a=4}^{9} y_a^2 \tag{1-25}$$

$i, j \in \{0, \cdots, 3\}$ 为 $D3$ 膜世界体积上的坐标，$a \in \{4, \cdots, 9\}$ 为与 $D3$ 膜超曲面垂直的横向坐标。此外，$L^4 = 4\pi g_s N\alpha'^2$，$\lambda = g_s N = g_{YM}^2 N$ 为特霍夫特耦合常数。

当 $r \gg L$ 时，式 1-24 趋向于平直的 10 维闵氏时空。而在近视界极限 $(r \ll 1)$ 下，度规约化为如下的 $\mathrm{AdS}_5 \times S^5$ 时空

$$\mathrm{d}s^2 = \left(\frac{r}{L}\right)^2\eta_{ij}\mathrm{d}x^i\mathrm{d}x^j + \left(\frac{L}{r}\right)^2(\mathrm{d}r^2 + r^2\mathrm{d}\Omega_5{}^2) \tag{1-26}$$

$L$ 为反德西特时空的半径。反德西特时空具有负曲率 $-12/L^2$，其边界位于 $r = \infty$ 处。

综上所述，可以从两方面来看 $N$ 个相互重叠的 $D3$ 膜。一方面是其四维世界体积的场论是 $\mathcal{N} = 4$ 的 $U(N)$ 超对称杨–米尔斯规范理论，它的低能有效作用量为 DBI 和 WZ 作用量；另一方面，$N$ 个相互重叠的 $D3$ 膜可以作为Ⅱ B 型超弦理论的低能极限 —— Ⅱ B 型超引力的一个解。在近视界极限下，其几何为 $\mathrm{AdS}_5 \times S^5$。基于上面的观察，马尔达西那 (Maldacena) 认同了这两个理论的低能极限。

通常，AdS/CFT 对偶有三个不同的版本，取决于所取极限的精确形式。最强的形式为：$(3+1)$ 维闵氏时空中 $\mathcal{N} = 4$ 的 $U(N)$ 超对称杨–米尔斯规范理论和 $\mathrm{AdS}_5 \times S^5$ 时空的Ⅱ B 型超弦理论是等价的。此对应形式是普遍有效的，但是到目前为止，弯曲时空弦论的量子化仍然不清楚，要检验此假设是困难的。

另一版本为大 $N$ 极限。即保持 $\lambda = g_{YM}^2 N$ 不变，而令 $N \to \infty$。此时，弦耦合常数 $g_s \equiv g_{YM} \to 0$。此时，$\mathrm{AdS}_5 \times S^5$ 时空的Ⅱ B 型超弦理论约化为半经典极限的情况。

第三种表述是在第二种表述基础上，考虑大 $\lambda$ 的情况。即 $N \to \infty$ 时，但 $\lambda$ 不变。根据 $L^4 = 4\pi g_s N\alpha'^2$ 及 $\alpha' = l_s^2$，可得 $\frac{L^4}{l_s^4} = 4\pi g_s N \gg 1$。即弦长度 $l_s \to 0$，AdS 时空半径 $L$ 远大于弦长度 $l_s$。在此极限下，AdS/CFT 对偶表述为：强耦合 $\mathcal{N} = 4$ 的 $SU(N)$ 对称杨–米尔斯规范理论与 $\mathrm{AdS}_5 \times S^5$ 时空的超引力理论等效。

### 1.2.2 场/算符对应

AdS/CFT 对偶的数学描述为[16, 17]

$$\left\langle \mathrm{e}^{i\int \mathrm{d}^4 x \psi_0(x) O(x)} \right\rangle_{SYM} = Z|_{\mathrm{II\,B,string}}[\psi(x,r)|_{r\to\infty} = \psi_0(x)] \tag{1-27}$$

此数学描述给出了场论中的规范不变算符和对偶弦论中场之间的一一对应关系，称为场/算符对应。此数学描述了最强版本的 AdS/CFT 对偶。公式左边可以用来计算算符关联函数，而右边为 $\mathrm{AdS}_5 \times S^5$ 时空中超弦理论的配分函数。具体计算时，需将场 $\psi(x,r)$ 取为其在无穷远处的值 $\psi(x,r)|_{r\to\infty} = \psi_0(x)$。

但是，到目前为止，仍然不知道如何计算ⅡB 型超弦理论的配分函数。所以我们常常考虑 AdS/CFT 对偶的第三种表述，即 $N \to \infty$ 和大 $\lambda$ 的特殊极限。此时，$\mathrm{AdS}_5 \times S^5$ 时空中超弦理论约化为经典超引力理论。并且，利用鞍点近似❶，可以计算出ⅡB 型弦论的配分函数

$$\begin{aligned} &Z|_{\mathrm{II\,B,string}}[\psi(x,r)|_{r\to\infty} \\ &= \psi_0(x)] \approx \exp\{iS_{\mathrm{II\,B,sugra}}[\psi(x,r)|_{r\to\infty} = \psi_0(x)]\} \end{aligned} \tag{1-28}$$

因此，AdS/CFT 对偶的第三种表述的数学描述为

$$\left\langle \mathrm{e}^{i\int \mathrm{d}^4 x \psi_0(x) O(x)} \right\rangle_{SYM} = \exp\{iS_{\mathrm{II\,B,sugra}}[\psi(x,r)|_{r\to\infty} = \psi_0(x)]\} \tag{1-29}$$

最后，对如何利用 AdS/CFT 对偶计算算符 $O$ 的关联函数做一简单总结：

❶ 鞍点近似指的是在作用量泛函积分中只考虑场的经典构型对作用量的贡献。

(1) 导出算符 $O$ 对应的 bulk 场 $\psi$ 的超引力运动方程；

(2) 解 $\psi$ 的运动方程；

(3) 将解 $\psi$ 代回超引力的作用量 $S_{\mathrm{II\,B,sugra}}$，并写成指数形式 $\exp(iS_{\mathrm{II\,B,sugra}})$；

(4) 对源场 $\psi_0$ 取变分。

例如，算符 $O$ 的关联函数为

$$\langle O\rangle = i\frac{\delta}{\delta\psi_0}S_{\mathrm{II\,B,sugra}} \tag{1-30}$$

通常，bulk 的质壳作用量和 CFT 生成泛函皆发散。引力方面，发散是因为 AdS 时空的体积是无限的，即长距红外 (IR) 发散。在场论方面，是短距紫外 (UV) 发散。因此，我们需要通过正规化和重整化来解决此问题。在此不作详细讨论。

### 1.2.3　标量场的场/算符对应

本节以标量场 $\Psi$ 为例说明场/算符对应。通常，质量为 $m$ 的标量场的作用量可写为

$$S_\Psi = \frac{1}{2}\int \mathrm{d}^{d+1}x\sqrt{-g}(g^{\mu\nu}\partial_\mu\Psi\partial_\nu\Psi + m^2\Psi^2) \tag{1-31}$$

利用变分原理，可导出其运动方程

$$\nabla^2\Psi - m^2\Psi = 0 \tag{1-32}$$

为讨论问题的方便，先在一普遍的度规形式

$$\mathrm{d}s^2 = -g_{tt}(u)\mathrm{d}t^2 + g_{uu}(u)\mathrm{d}u^2 + g_{ii}(u)(\mathrm{d}x^i)^2 \tag{1-33}$$

下导出式 1-32 的具体表达

$$\frac{1}{\sqrt{-g}}\partial_u(\sqrt{-g}g^{uu}\partial_u\psi) - g^{xx}k^2\psi + g^{tt}\omega^2\psi - m^2\psi = 0 \tag{1-34}$$

在上面的方程中，已经做了傅里叶展开 $\Psi(u,t,x^i) = \psi(u,k^\mu)\mathrm{e}^{ik_\mu x^\mu}$，$k_\mu = (-\omega,\vec{k})$。特别的，由于空间方向的旋转对称性，已经设 $k_1 = k$ 和 $k_i = 0, i \neq 1$。

考虑 $\mathrm{AdS}_{d+1}$ 时空度规

$$\mathrm{d}s^2=\frac{1}{u^2}\left[-\mathrm{d}t^2+\mathrm{d}u^2+\sum_{i=1}^{d-1}(\mathrm{d}x^i)^2\right] \tag{1-35}$$

$u$ 为径向坐标，$u$ 和前面的径向坐标 $r$ 之间的关系为 $u\propto 1/r$。因此，AdS 边界为 $u=0$。将上式代进式 1-34，可得

$$u^2\psi''-(d-1)u\psi'-[m^2+(k^2-\omega^2)u^2]\psi=0 \tag{1-36}$$

“$'$”表示对 $u$ 求导。近 $u=0$ 边界，$(k^2-\omega^2)$ 项可忽略。为解此方程，设 $u=\mathrm{e}^{\theta}$，则有

$$\frac{\mathrm{d}^2\psi}{\mathrm{d}\theta^2}-d\frac{\mathrm{d}\psi}{\mathrm{d}\theta}-m^2\psi=0 \tag{1-37}$$

其特征方程可表示为

$$\Delta(\Delta-d)=m^2 \tag{1-38}$$

$\Delta$ 为标量场 $\psi$ 对应的边界场论的算符 $O_{\psi}$ 的维数[15~17]。

式 1-38 的根为

$$\Delta_{\pm}=\frac{d\pm\sqrt{d^2+4m^2}}{2}\equiv\frac{d}{2}\pm\nu \tag{1-39}$$

$m_{BF}^2=-d^2/4$ 为 Breitenlohner-Freedman(BF) 边界[19, 20]。当 $m^2>m_{BF}^2$ 时，边界 AdS 真空稳定。详细的讨论，见文献 [19]、[20]。在此，仅仅从解的角度做一简单的讨论。

对于特征方程，如果两个根不相等，即 $\Delta_+\neq\Delta_-$，那么

$$\psi=A(x)u^{\Delta_+}+B(x)u^{\Delta_-} \tag{1-40}$$

其中，如果 $\Delta_{\pm}$ 为复数，即 $m^2<-\dfrac{d^2}{4}$，$\Delta_{\pm}$ 可表达为

$$\Delta_{\pm}=\frac{d}{2}\pm i\sqrt{-(d^2+4m^2)}\equiv\Delta_1\pm i\Delta_2 \tag{1-41}$$

此时，$\psi$ 在 $z\to 0$ 处的行为为

$$\psi=u^{\Delta_1}[A(x)u^{i\Delta_2}+B(x)u^{-i\Delta_2}] \tag{1-42}$$

此解为振荡解。此时，边界 $(z \to 0)$AdS 真空不稳定。

当 $m^2 = m_{BF}^2$ 时，$\Delta_+ = \Delta_- \equiv \Delta$，为简并情况。其解为

$$\psi(u, x) = [A(x) + B(x) \ln u] u^{\Delta} \tag{1-43}$$

关于简并的情况，在此不做详细讨论。

在讨论了 BF 边界后，下面将讨论标量场的场/算符对应。假设 $\Delta_+ \neq \Delta_-$，并为实数。则式 1-40 中的第二项为主要项，其系数 $B(x)$ 给算符 $O$ 提供源。也就是说，一个非零的 $B(x)$ 对应于在边界场论的拉氏量中引入相互作用项

$$\delta S_{\text{boundary}} = \int \mathrm{d}^d x B(x) O(x) \tag{1-44}$$

而式 1-40 中的第一项为次要项，其系数 $A(x)$ 认同为算符 $O$ 的期待值

$$O(x) = 2\nu A(x) \tag{1-45}$$

如果找到了正规解，$B = 0$ 但 $A \neq 0$，表明算符 $O$ 自发生成一个没有源的期待值。此时，算符 $O$ 在动量空间中的线性响应函数为

$$G_R(\omega, k) = 2\nu \frac{A(\omega, k)}{B(\omega, k)} \tag{1-46}$$

此线性响应函数为延迟格林函数。要得到上式中的比率，需要在时空内部提供一个额外的边界条件，通常是一个正规条件。在有黑洞视界的情况下，计算延迟格林函数需在视界处加上入射波的边界条件[22]。

### 1.2.4 量子化方案

不同的边界条件选择对应于不同的量子化方案。通常有两种量子化。边界条件 $B = 0$ 对应的量子化称为标准量子化 (standard quantization)，而 $A = 0$ 对应的称为非标准量子化 (alternative quantization)[21]。相应的，解 $u^{\Delta_+}$ 称为可规范化模 (normalizable mode)，而 $u^{\Delta_-}$ 为不可规范化模 (non-normalizable mode)。但应该强调，后面将讨论到，对于更紧的限制，$u^{\Delta_-}$ 也是可规范化的。

除了 BF 边界对算符的维数 $\Delta$ 有限制外，算符的幺正性也对 $\Delta$ 提出更紧的限制。根据算符幺正性的要求，维数 $\Delta > (d-2)/2$[21]。由此，如果 $m^2 > -\frac{d^2}{4}+1$，那么 $\Delta_- < (d-2)/2$。所以，对 $m^2 > -\frac{d^2}{4}+1$ 的情况，仅仅有唯一容许的边界条件 $B=0$。而对

$$-\frac{d^2}{4} < m^2 < -\frac{d^2}{4}+1 \tag{1-47}$$

两种边界条件 $B=0$ 和 $A=0$ 都是允许的。因此可以在 AdS 边界上加上狄利克雷或者诺伊曼条件，从而有两种量子化方案。这也意味着，依赖于边界条件，相同的引力作用量可以对偶于两个不同的边界场论。对于非标准量子化，式 1-40 中的 $A$ 和 $B$ 角色应该互换。也就是说，$A(x)$ 对应于源，而 $B(x)$ 对应于期待值。此时，算符 $O$ 的共形维度为 $\Delta_-$。

### 1.2.5 有限温度场论和反德西特黑膜

要把规范引力对偶应用到凝聚态物理中的时候，往往需要引入有限温度。而从前面的讨论知道，规范引力对偶是建立在很大对称性的基础之上的。温度的引入将破坏共形场论的超对称和共形对称性。在引力这边，将破坏时空的 dilatation 对称性。这样的时空几何可以由下面度规描述

$$\mathrm{d}s^2 = \frac{L^2}{u^2}\left[-f(u)\mathrm{d}t^2 + g(u)\mathrm{d}r^2 + h(u)\mathrm{d}x^i\mathrm{d}x^i\right] \tag{1-48}$$

如果 $f \neq h$，洛伦兹不变性破坏，这正是有限温度或有限化学势的情况。如果 $f=h$，描述的是一个由洛伦兹标量算符引起的可重整化群流。在高能 (UV) 区域，要求保持标度不变。此时，要求当 $u \to 0$ 时，$f$、$g$、$h$ 有效快的趋近于一常数。

要确定 $f$、$g$、$h$ 的具体形式，可以在爱因斯坦–希尔伯特作用量中加上负宇宙常数，即

$$S = \frac{1}{2\kappa^2}\int \mathrm{d}^{d+1}x\sqrt{-g}\left[R + \frac{d(d-1)}{L^2}\right] \tag{1-49}$$

此作用量给出如下的爱因斯坦场方程

$$R_{\mu\nu} + \frac{d}{L^2}g_{\mu\nu} = 0 \tag{1-50}$$

结合式 1-48，可得到如下的黑洞解

$$ds^2 = \frac{L^2}{u^2}\left[-f(u)\mathrm{d}t^2 + \frac{\mathrm{d}u^2}{f(u)} + \mathrm{d}x^i\mathrm{d}x^i\right]$$

$$f(u) = 1 - \left(\frac{u}{u_0}\right)^d \tag{1-51}$$

此黑洞解为施瓦西 - 反德西特解。$u_0$ 为黑洞视界。当 $u \to 0$ 时，$f \to 1$，因而时空是渐近的 AdS。做维克 (Wick) 转动 $t \to -i\tau$，上式变为

$$\mathrm{d}s_\star^2 = \frac{L^2}{u^2}\left[f(u)\mathrm{d}\tau^2 + \frac{\mathrm{d}u^2}{f(u)} + \mathrm{d}x^i\mathrm{d}x^i\right] \tag{1-52}$$

为了正规化欧几里德空间的锥形奇点，必须周期性地认同欧几里德时间 $\tau$

$$\tau \sim \tau + \frac{4\pi}{|f'(u_0)|} = \tau + \frac{4\pi u_0}{d} \tag{1-53}$$

在边界处 $(u \to 0)$，场论的背景度规为 $\mathrm{d}s^2 = \mathrm{d}\tau^2 + \mathrm{d}x^i\mathrm{d}x^i$。一个已知的事实：研究周期认同的欧几里得时间的场论等同于研究有限温度下平衡态的理论，温度为周期的倒数。因此施瓦西 - 反德西特黑洞的物理是一个有限温度的场论，其温度为

$$T = \frac{d}{4\pi u_0} \tag{1-54}$$

在一个标度不变的理论中，仅仅有两个不等价的温度：零或非零。

纯反德西特时空最普遍的变形是施瓦西 - 反德西特黑洞，这个黑洞对偶于一个有限温度的场论。如果要描述更多的对偶场论的特征，需要加其他一些场到 bulk 理论中。例如有限密度的场论，需要加一个麦克斯韦场到 bulk 理论中。此外，也可以加进标量场，狄拉克场。

## 1.3 反德西特黑膜

本节将简单介绍几个重要的反德西特黑膜。重点分析其近视界几何的特点。因为对偶场论的低能激发为近视界几何所决定，如全息系统的直流电导率、全息费米系统的色散关系等。

## 1.3.1 莱斯纳–诺德斯特洛母–反德西特黑膜几何

### 1.3.1.1 黑膜几何

研究有限密度的场论，需要加一个麦克斯韦场到 bulk 理论中。规范场 $A_a$ 和引力场耦合的最小作用量为

$$S = \frac{1}{2\kappa^2}\int \mathrm{d}^{d+1}x\sqrt{-g}\left[R + \frac{d(d-1)}{L^2} + \frac{L^2}{g_F^2}F_{ab}F^{ab}\right] \tag{1-55}$$

$g_F^2$ 是 bulk 里面的无量纲规范耦合常数。利用变分原理，容易导出爱因斯坦方程和麦克斯韦方程。满足相关边界条件的解为斯纳–诺德斯特洛母–反德西特黑膜几何 (Reissner-Nordstrom-AdS 黑膜，简称 RN-AdS 黑膜)，其度规和背景规范场为[23, 24]

$$\mathrm{d}s^2 = \frac{r^2}{L^2}\left(-f\mathrm{d}t^2 + \mathrm{d}x^i\mathrm{d}x^i\right) + \frac{L^2\mathrm{d}r^2}{r^2 f}$$

$$f = 1 + \frac{Q^2}{r^{2d-2}} - \frac{M}{r^d}, \quad A_t = \mu\left(1 - \frac{r_0^{d-2}}{r^{d-2}}\right) \tag{1-56}$$

$M$ 和 $Q$ 分别为黑洞质量和电荷，$r_0$ 是视界半径，$r \to \infty$ 为边界。根据 $f(r_0) = 0$ 可得 $M$ 和 $Q$ 之间的关系为

$$M = r_0^d + \frac{Q^2}{r_0^{d-2}} \tag{1-57}$$

而 $\mu$ 则认同为对偶场论的化学势

$$\mu \equiv \frac{g_F Q}{c_d L^2 r_0^{d-2}}, \qquad c_d \equiv \sqrt{\frac{2(d-2)}{d-1}} \tag{1-58}$$

式 1-56 描述了一个有限密度的对偶理论。其荷密度，能量密度和熵密度分别为[25]

$$\rho = \frac{2(d-2)}{c_d} \cdot \frac{Q}{\kappa^2 L^{d-1} g_F}, \quad \varepsilon = \frac{d-1}{2\kappa^2} \cdot \frac{M}{L^{d+1}}, \quad s = \frac{2\pi}{\kappa^2}(\frac{r_0}{L})^{d-1} \tag{1-59}$$

对偶场论的温度为黑洞温度

$$T = \frac{\mathrm{d}r_0}{4\pi L^2}\left[1 - \frac{(d-2)Q^2}{\mathrm{d}r_0^{2d-2}}\right] \tag{1-60}$$

容易检验，上面方程满足热力学第一定律

$$\mathrm{d}\varepsilon = T\mathrm{d}s + \mu\mathrm{d}\rho \tag{1-61}$$

可做一重标度，使得各物理量为无标度的量。重标度如下

$$r \to r_0 r,\quad (t, x^i) \to \frac{L^2}{r_0}(t, x^i),\quad A_t \to \frac{r_0}{L^2}A_t,\quad M \to M r_0^d,\quad Q \to Q r_0^{d-1} \tag{1-62}$$

在此重标度下，$r_0$ 和 $L$ 可以设为 1。因此，式 1-56 变为

$$\mathrm{d}s^2 = r^2\left[-f\mathrm{d}t^2 + (\mathrm{d}x^i)^2\right] + \frac{\mathrm{d}r^2}{r^2 f}$$

$$f = 1 + \frac{Q^2}{r^{2d-2}} - \frac{1+Q^2}{r^d},\quad A_t = \mu\left(1 - \frac{1}{r^{d-2}}\right),\quad \mu \equiv \frac{g_F Q}{c_d} \tag{1-63}$$

对偶场论的荷密度 $\rho$ 和温度 $T$ 简化为

$$\rho = \frac{(d-2)Q^2}{\kappa^2 d e_d},\qquad T = \frac{d}{4\pi}\left[1 - \frac{(d-2)Q^2}{d}\right] \tag{1-64}$$

在上面，已导入

$$e_d \equiv \frac{(d-2)g_F Q}{d(d-1)c_d} \tag{1-65}$$

当 $Q = \sqrt{\dfrac{d}{d-2}}$ 时为极端黑膜。此时，相应的对偶场论荷密度、能量密度、熵密度变为

$$\rho = \frac{1}{\kappa^2 e_d},\ \ \varepsilon = \frac{(d-1)^2}{\kappa^2(d-2)},\ \ s = \frac{2\pi}{\kappa^2} \tag{1-66}$$

从上式可看到，即使在零温下，熵密度是非零的。也就是说这个有限的荷密度系统有非零的基态熵密度。

#### 1.3.1.2 $AdS_2$ 几何

在零温的情况下，红移因子 $f(r)$ 在 $r = 1$ 处有两个零点，即 $f(r=1) = 0$ 和 $f'(r=1) = 0$。但 $f''(r=1) = 2d(d-1)$。因此，利用

泰勒展开 $f(r)=\sum_{n=0}^{n}\frac{f^n(r_0)(r-r_0)^n}{n!}$，可得近视界处的行为为

$$f=d(d-1)(r-1)^2+\cdots \tag{1-67}$$

此时，式 1-56 变为

$$\mathrm{d}s^2=-\frac{(r-1)^2}{L_2^2}\mathrm{d}t^2+\frac{L_2^2\mathrm{d}r^2}{(r-1)^2}+(\mathrm{d}x^i)^2 \tag{1-68}$$

很明显，黑洞的近视界几何是 $\mathrm{AdS}_2\times\mathbb{R}^{d-1}$，$L_2=\frac{1}{\sqrt{d(d-1)}}L$ 为 $\mathrm{AdS}_2$ 的曲率半径。特别的，考虑如下标度极限

$$r-1=\lambda\frac{L_2^2}{\bar{u}},\quad t=\lambda^{-1}\tau \tag{1-69}$$

其中 $\lambda\to 0$，而 $\bar{u}$ 和 $\tau$ 有限。那么，式 1-68 变为

$$\mathrm{d}s^2=\frac{L_2^2}{\bar{u}^2}(-\mathrm{d}\tau^2+\mathrm{d}\bar{u}^2)+(\mathrm{d}x^i)^2 \tag{1-70}$$

而规范场则变为

$$A_\tau=\frac{e_d}{\bar{u}} \tag{1-71}$$

上式的简单推导如下

$$A_\tau\mathrm{d}\tau=A_t\mathrm{d}t=(d-2)\mu(r-1)\mathrm{d}t=(d-2)\mu\frac{L_2^2}{\bar{u}}\mathrm{d}\tau=\frac{e_d}{\bar{u}}\mathrm{d}\tau$$

$$\Rightarrow A_\tau=\frac{e_d}{\bar{u}}$$

#### 1.3.1.3 有限温度的标度极限

零温的标度极限亦可推广到有限温度的情况。关于有限温度的标度极限的详细讨论，可参考文献 [25]。本小节仅做一简单介绍。

由于 $Q$ 的量纲为 $[Q]=L^{d-1}$，因此，可导入一个长度尺度 $r_*$ 参数化 $Q$

$$Q\equiv\sqrt{\frac{d}{d-2}}r_*^{d-1} \tag{1-72}$$

容易看出，零温极限时，$r_* = 1$。考虑如下标度极限

$$r_0 - r_* = \lambda \frac{L_2^2}{\bar{u}_0}, \quad t = \lambda^{-1}\tau \tag{1-73}$$

其中 $\lambda \to 0$，而 $\bar{u}_0$ 和 $\tau$ 有限。在此标度极限下，度规为 $\mathrm{AdS}_2 \times \mathbb{R}^{d-1}$ 时空中的黑膜

$$\mathrm{d}s^2 = \frac{L_2^2}{\bar{u}^2}\left[-\left(1-\frac{\bar{u}^2}{\bar{u}_0^2}\right)\mathrm{d}\tau^2 + \frac{\mathrm{d}\bar{u}^2}{1-\frac{\bar{u}^2}{\bar{u}_0^2}}\right] + r_*^2(\mathrm{d}x^i)^2 \tag{1-74}$$

而规范场为

$$A_\tau = \frac{e_d}{r_*^{d-1}\bar{u}}\left(1-\frac{\bar{u}}{\bar{u}_0}\right) \tag{1-75}$$

此外，霍金温度 (对 $\tau$) 为

$$T = \frac{1}{2\pi\bar{u}_0} \tag{1-76}$$

### 1.3.2 Lifshitz 黑膜

在许多凝聚态物理系统中，定点通常由如下形式的标度对称性所刻画[26]

$$t \to \lambda^z t, \quad x^i \to \lambda x^i \tag{1-77}$$

$z \geqslant 1$ 为动力学临界指数。$z = 1$ 的情况对应于时间和空间是各向同性的，称为相对论性的定点。$z > 1$ 表明时间和空间的各向同性破缺，称为 Lifshitz 对称性 (非相对论性定点)。

要通过规范引力对偶得到对偶场论中的 Lifshitz 定点，可以研究 Lifshitz 定点的引力描述。文献 [27] 首先实现了引力的 Lifshitz 定点的描述。接着，更多的 Lifshitz 黑膜几何得到进一步的研究[28~40]。通常，要得到 Lifshitz 黑膜解，需要一些额外的场，如伸缩子场或有质量的矢量场 (Proca 场)。在本小节，为了讨论有限密度的对偶场论，主要讨论荷电 Lifshitz 黑洞。因此主要讨论爱因斯坦–麦克斯韦理论耦合 Proca 场 (爱因斯坦–麦克斯韦 -Proca 模型，简称 EMP 模型) 以及爱因斯坦理论耦合一个伸缩子场和多个 $U(1)$ 规范场 (爱因斯坦 - 伸缩子 - 麦克斯韦模型，简称 EDM 模型)。

#### 1.3.2.1 EMP 模型

爱因斯坦–麦克斯韦理论耦合一个有质量的规范场的作用量可写为

$$S=\frac{1}{16\pi G_{d+1}}\int \mathrm{d}^{d+1}x\sqrt{-g}(R-2\Lambda-\frac{1}{4}F_{\mu\nu}F^{\mu\nu}-\frac{1}{4}H_{\mu\nu}H^{\mu\nu}-\frac{1}{2}m^2B_\mu B^\mu) \tag{1-78}$$

其中，规范场 $B_t$ 的质量和宇宙常数为

$$m^2=\frac{z(d-1)}{L^2},\quad \Lambda=-\frac{1}{2L^2}[z^2+z(d-2)+(d-1)^2] \tag{1-79}$$

式 1-78 给出如下的荷电 Lifshitz 黑膜解

$$\mathrm{d}s^2=L^2[-r^{2z}f(r)\mathrm{d}t^2+\frac{1}{r^2}\cdot\frac{\mathrm{d}r^2}{f(r)}+r^2\sum_{i=1}^{d-1}\mathrm{d}x_i^2] \tag{1-80}$$

$$f(r)=1-\frac{r_0^z}{r^z}=1-\frac{Q^2}{2(d-1)^2r^z} \tag{1-81}$$

$$B_t=\sqrt{\frac{2(z-1)}{z}}Lr^zf(r) \tag{1-82}$$

$$A_t=\frac{QL}{d-1-z}\left(1-\frac{r_0^{d-1-z}}{r^{d-1-z}}\right) \tag{1-83}$$

关于 EMP 模型，有如下几点值得注意：

(1) 质量规范场 $H_{\mu\nu}$ 是辅助规范场。此辅助规范场的作用是使得边界上的渐近几何从 AdS 变为 Lifshitz。真正的规范场是 $F_{\mu\nu}$，此规范场给出荷电黑膜解。

(2) 式 1-80~ 式 1-83 存在的条件为 $z=2(d-1)$[33]。对于更一般的动力学指数 $z$，通常没有正确解。但是，可以找到一些数值解[39]。此外，如果真正的规范场 $F_{\mu\nu}$ 为零，可得到关于一般的动力学指数 $z$ 的非荷电黑膜解[30]。

(3) 对于纯的 Lifshitz 背景 (式 1-80 中 $f(r)=1$)，解 $F_{\mu\nu}$ 的麦克斯韦方程，可得

$$A_t=\mu+\frac{\rho}{z-d+1}r^{z-d+1} \tag{1-84}$$

此解即式 1-83。第一积分常数 $\rho = Qr_0^{d-1-z}$ 正比于黑膜的电荷密度。根据标准的规范引力对偶，此积分常数认同于对偶场论的电荷密度[16, 17]。第二积分常数 $\mu = \dfrac{Q}{d-1-z}$ 对应于对偶场论的化学势。但是，需要指出的是，对应解析解 $z = 2(d-1)$ 的情况，当 $d = 3, 4$ 并且 $r \to \infty$ 时，麦克斯韦场强 $F_{rt} \propto r^{z-d}$ 发散。此时，需要新的抵消项来得到质壳作用量。关于怎样根据场论的观点理解此发散性和边界抵消项，可参考文献 [41]。

(4) 此 Lifshitz 黑膜的霍金温度和熵分别为

$$T = \frac{z}{4\pi} r_0^z, \qquad S_{BH} = \frac{L^{d-1} V_{d-1}}{4G_{d+1}} r_0^{d-1} \tag{1-85}$$

其中

$$r_0^z = \frac{Q^2}{2(d-1)^2} \tag{1-86}$$

从式 1-86 可看到 $r_0 \neq 0$，故此黑膜温度不能为零。此外，从此式亦可发现 $\mu \propto Q^2$。因此，$T/\mu$ 为一常数。这意味着对偶场论系统只有唯一的标度。也就是说，对于不同的温度 $T$，物理是一样的。

#### 1.3.2.2 EDM 模型

EDM 模型的作用量可写为[39, 40]

$$S_{\mathrm{EDM}} = \frac{1}{16\pi G_{d+1}} \int \mathrm{d}^{d+1} x \sqrt{-g} \times \left[ R - 2\Lambda - \frac{1}{2} \partial_a \phi \partial^a \phi - \frac{1}{4} \sum_{i=1}^{n} \mathrm{e}^{\lambda_i \phi} F^{(i)ab} F_{ab}^{(i)} \right] \tag{1-87}$$

此作用量包括一个伸缩子场和多个 $U(1)$ 规范场。本小节将仅仅讨论两个 $U(1)$ 规范场 $F_{rt}^{(1)}$ 和 $F_{rt}^{(2)}$ 的情况。其中，$F_{rt}^{(1)}$ 起了辅助场的作用，使得边界的渐近时空为 Lifshitz 时空。真正的麦克斯韦场是 $F_{rt}^{(2)}$。上式给出如下的荷电 Lifshitz 黑膜解

$$\mathrm{d}s^2 = -\frac{r^{2z}}{L^{2z}}f(r)\mathrm{d}t^2 + \frac{L^2}{r^2}\cdot\frac{\mathrm{d}r^2}{f(r)} + \frac{r^2}{L^2}\mathrm{d}\vec{x}_{d-1}^2 \tag{1-88}$$

$$f(r) = 1 - \frac{M}{r^{d+z-1}} + \frac{Q^2}{r^{2(d+z-2)}} \tag{1-89}$$

$$A_t^{(1)} = -\left(\frac{r_0}{L}\right)^z\sqrt{\frac{2(z-1)}{d+z-1}}\left[1-\left(\frac{r}{r_0}\right)^{d+z-1}\right] \tag{1-90}$$

$$A_t^{(2)} = \mu\left[1-\left(\frac{r_0}{r}\right)^{d+z-3}\right] \tag{1-91}$$

$$\mathrm{e}^{\phi} = \left(\frac{r}{r_0}\right)^{\sqrt{2(d-1)(z-1)}} \tag{1-92}$$

$$\Lambda = -\frac{(d+z-1)(d+z-2)}{2L^2} \tag{1-93}$$

其中

$$\mu \equiv \sqrt{\frac{2(d-1)}{d+z-3}}\cdot\frac{Q}{L^{z+1}r_0^{d-2}} \tag{1-94}$$

耦合常数 $\lambda_i$ 和 Lifshitz 动力学指数 $z$ 有如下关系

$$\lambda_1 = -\sqrt{2\frac{d-1}{z-1}},\quad \lambda_2 = \sqrt{2\frac{z-1}{d-1}} \tag{1-95}$$

更详细的讨论，可参考文献 [39]、[40]。此外，霍金温度为

$$T = \frac{r_0^z}{4\pi L^{1+z}}\left[d-1+z-\frac{(d-3+z)^2L^{2z}\mu^2}{2(d-1)}\right] \tag{1-96}$$

和 EMP 模型[33] 的解析黑膜解不一样。EDM 模型的解析黑膜解对于一般的动力学指数皆成立，并且对于零温和非零温的情况都存在。在 $z\to 1$ 极限下，规范场 $A_t^{(1)}$ 为零 (式 1-90)。此时，Lifshitz 黑膜解回到 RN-AdS 黑膜的情况。

为计算方便，做如下重标度

$$r\to r_0 r,\quad t\to\frac{L^{z+1}}{r_0^z}t,\quad \boldsymbol{x}\to\frac{L^2}{r_0}\boldsymbol{x} \tag{1-97}$$

$$M\to Mr_0^{d+z-1},\quad Q\to Qr_0^{d+z-2},\quad A_t^{(2)}\to\frac{r_0^z}{L^{z+1}}A_t^{(2)}$$

在上面的重标度下，式 1-88 变为

$$\frac{ds^2}{L^2} \equiv g_{\mu\nu}dx^\mu dx^\nu = -r^{2z}f(r)dt^2 + \frac{1}{r^2 f(r)}dr^2 + r^2 d\boldsymbol{x}_{d-1}^2 \tag{1-98}$$

因此，可以设 $L=1$ 和 $r_0=1$。此时，红移因子 $f(r)$ 和规范场 $A_t^{(2)}$ 可分别重新表达为

$$f(r) = 1 - \frac{1+Q^2}{r^{d+z-1}} + \frac{Q^2}{r^{2(d+z-2)}} \tag{1-99}$$

$$A_t^{(2)} = \mu\left[1 - \left(\frac{1}{r}\right)^{d+z-3}\right] \tag{1-100}$$

此外，温度 (式 1-96) 变为无量纲的温度

$$T = \frac{1}{4\pi}\left[d-1+z-\frac{(d-3+z)^2\mu^2}{2(d-1)}\right] \tag{1-101}$$

零温极限为 $Q=\sqrt{\dfrac{d-1+z}{d-3+z}}$，即 $\mu=\dfrac{\sqrt{2(d-1)(d-1+z)}}{d-3+z}$。此时，红移因子 $f(r)$ 变为

$$f(r)|_{T=0} = 1 - 2\frac{d+z-2}{d+z-3}\cdot\frac{1}{r^{d+z-1}} + \frac{d+z-1}{d+z-3}\cdot\frac{1}{r^{2(d+z-2)}} \tag{1-102}$$

明显，在极限 $r\to 1$ 下

$$f(r)|_{T=0,r\to 1} \approx (d+z-1)(d+z-2)(r-1)^2 \equiv \frac{1}{L_2^2}(r-1)^2 \tag{1-103}$$

因此，零温极限下，EDM 黑膜和 RN-AdS 黑膜有一样的近视界几何，$AdS_2\times\mathbb{R}^{d-1}$。在此，$AdS_2$ 的曲率半径为 $L_2 \equiv 1/\sqrt{(d+z-1)(d+z-2)}$。

### 1.3.3 Hyperscaling violation 黑膜

EDM 模型有比 Lifshitz 对称性更广的一类对称性，称为违反超标度律的 (Hyperscaling violation，简称 HV) 对称性，其度规如下[1]

$$ds_4^2 = r^{-\theta}\left[-r^{2z}dt^2 + \frac{dr^2}{r^2} + r^2(dx^2+dy^2)\right] \tag{1-104}$$

[1] 在此，仅考虑 $d+1=4$ 的情况。

这是空间均匀和协变的最普遍的度规，变换如下

$$t \to \lambda^z t, \quad x_i \to \lambda x_i, \quad r \to \lambda^{-1} r, \quad \mathrm{d}s \to \lambda^{\frac{\theta}{2}} \mathrm{d}s \tag{1-105}$$

$z$ 为动力学指数，$\theta$ 为 HV 指数。上式在标度变换下为 $\mathrm{d}s \to \lambda^{\frac{\theta}{2}}\mathrm{d}s$，这表明违反了对偶场论的超标度律。并且，此度规的一个重要特征是对于一个特别的情况 $\theta = d-2$，❶ 全息纠缠熵[42, 43] 展现出面积律的对数破坏[44~46]，表明上式可以提供一个 $O(N^2)$ 阶费米面的引力对偶理论，其中 $N$ 为自由度数或者 $SU(N)$ 规范理论的色数。

关于 HV 的黑膜，有大量的相关研究，例如文献 [47]~[53]。在此，仅讨论荷电的黑膜解。考虑如下作用量

$$S_{HV} = -\frac{1}{16\pi G}\int \mathrm{d}^4x\sqrt{-g}\left[R - \frac{1}{2}(\partial\phi)^2 + V(\phi) - \frac{1}{4}\left(\mathrm{e}^{\lambda_1\phi}F^{\mu\nu}F_{\mu\nu} + \mathrm{e}^{\lambda_2\phi}H^{\mu\nu}H_{\mu\nu}\right)\right] \tag{1-106}$$

$H_{\mu\nu}$ 为辅助场，而 $F_{\mu\nu}$ 为真正的规范场。对比式 1-87，在此导入了如下标量势[53]

$$V(\phi) = V_0\mathrm{e}^{\gamma\phi} \tag{1-107}$$

从式 1-106 可导出运动方程如下

$$R_{\mu\nu} - \frac{1}{2}Rg_{\mu\nu} = \frac{1}{2}\partial_\mu\phi\partial_\nu\phi - \frac{V(\phi)}{2}g_{\mu\nu} + \frac{1}{2}\left[\mathrm{e}^{\lambda_1\phi}(F_{\mu\rho}F_\nu^\rho - \frac{g_{\mu\nu}}{4}F^{\rho\sigma}F_{\rho\sigma}) + \mathrm{e}^{\lambda_2\phi}(H_{\mu\rho}H_\nu^\rho - \frac{g_{\mu\nu}}{4}H^{\rho\sigma}H_{\rho\sigma})\right] \tag{1-108}$$

$$\nabla^2\phi = -\frac{\mathrm{d}V(\phi)}{\mathrm{d}\phi} + \frac{1}{4}\left(\lambda_1\mathrm{e}^{\lambda_1\phi}F^{\mu\nu}F_{\mu\nu} + \lambda_2\mathrm{e}^{\lambda_2\phi}H^{\mu\nu}H_{\mu\nu}\right) \tag{1-109}$$

$$\nabla_\mu\left(\sqrt{-g}\mathrm{e}^{\lambda_2\phi}H^{\mu\nu}\right) = 0 \tag{1-110}$$

$$\nabla_\mu\left(\sqrt{-g}\mathrm{e}^{\lambda_1\phi}F^{\mu\nu}\right) = 0 \tag{1-111}$$

---

❶ $d$ 为对偶场论维数，在此 $d=3$，$\theta=1$。要注意的是，在关于全息 HV 的大部分文献中，经常设对偶场论维数为 $d+1$。在此，为保持一致性，仍然设对偶场论维数为 $d$。

解上述方程，可得到

$$ds_4^2=r^{-\theta}\left[-r^{2z}f(r)dt^2+\frac{dr^2}{r^2f(r)}+r^2(dx^2+dy^2)\right] \tag{1-112}$$

$$f=1-\left(\frac{r_0}{r}\right)^{2+z-\theta}+\frac{Q^2}{r^{2(z-\theta+1)}}\left[1-\left(\frac{r_0}{r}\right)^{\theta-z}\right] \tag{1-113}$$

$$H_{rt}=\sqrt{2(z-1)(2+z-\theta)}e^{\frac{2-\theta/2}{\sqrt{2(2-\theta)(z-1-\theta/2)}}\phi_0}r^{1+z-\theta} \tag{1-114}$$

$$F_{rt}=Q\sqrt{2(2-\theta)(z-\theta)}e^{-\sqrt{\frac{z-1+\theta/2}{2(2-\theta)}}\phi_0}r^{-(z-\theta+1)} \tag{1-115}$$

$$e^{\phi}=e^{\phi_0}r^{\sqrt{2(2-\theta)(z-1-\theta/2)}} \tag{1-116}$$

$Q=\dfrac{1}{16\pi G}\displaystyle\int e^{\lambda_2\phi}F_{rt}$ 为黑膜总电荷。所有模型参数 $\lambda_1$、$\lambda_2$、$\gamma$ 和 $V_0$ 可用 Lifshitz 动力学指数 $z$ 和 HV 指数 $\theta$ 表示如下

$$\lambda_1=-\frac{2(2-\theta/2)}{\sqrt{2(2-\theta)(z-\theta/2-1)}}$$

$$\lambda_2=\sqrt{\frac{2(z-1-\theta/2)}{2-\theta}}$$

$$\gamma=\frac{\theta}{\sqrt{2(2-\theta)(z-1-\theta/2)}}$$

$$V_0=e^{\frac{-\theta\phi_0}{\sqrt{2(2-\theta)(z-1-\theta/2)}}}(z-\theta+1)(z-\theta+2) \tag{1-117}$$

其中，$z\geqslant 1$ 和 $\theta\geqslant 0$。此外，当 $\theta=2$ 时，式 1-112 不存在。从式 1-114 和式 1-115 可得

$$B_t=-\mu_b r_0^{2+z-\theta}\left[1-\left(\frac{r}{r_0}\right)^{2+z-\theta}\right] \tag{1-118}$$

$$A_t=\mu r_0^{\theta-z}\left[1-\left(\frac{r_0}{r}\right)^{z-\theta}\right] \tag{1-119}$$

其中

$$\mu_b=\frac{\sqrt{2(z-1)(2+z-\theta)}}{2+z-\theta}e^{\frac{2-\theta/2}{\sqrt{2(2-\theta)(z-1-\theta/2)}}\phi_0} \tag{1-120}$$

$$\mu=Q\sqrt{\frac{2(2-\theta)}{z-\theta}}e^{-\sqrt{\frac{z-1+\theta/2}{2(2-\theta)}}\phi_0} \tag{1-121}$$

霍金温度为

$$T=\frac{(2+z-\theta)r_0^z}{4\pi}\left[1-\frac{(z-\theta)Q^2}{2+z-\theta}r_0^{2(\theta-z-1)}\right] \tag{1-122}$$

做如下重标度

$$r\to r_0r,\qquad t\to\frac{t}{r_0^z},\qquad (x,y)\to\frac{1}{r_0}(x,y)$$

$$Q\to r_0^{(z-\theta+1)}Q,\quad A_t\to r_0A_t,\quad B_t\to r_0^{\theta-z-2}B_t \tag{1-123}$$

可设 $r_0=1$。此外，$\phi_0$ 为一积分常数，在下面将设为 $\phi_0=0$。在上面的重标度下，红移因子 $f(r)$ 和规范场 $B_t$、$A_t$ 可各表达为

$$f=1-\frac{1+Q^2}{r^{z+2-\theta}}+\frac{Q^2}{r^{2(z-\theta+1)}} \tag{1-124}$$

$$B_t=-\mu_b\left(1-r^{2+z-\theta}\right) \tag{1-125}$$

$$A_t=\mu\left[1-\left(\frac{1}{r}\right)^{z-\theta}\right] \tag{1-126}$$

为了得到对偶场论中定义明确的化学势，要求 $z-\theta\geqslant 0$。此外，有如下的无量纲霍金温度

$$T=\frac{(2+z-\theta)}{4\pi}\left[1-\frac{(z-\theta)Q^2}{2+z-\theta}\right] \tag{1-127}$$

当 $Q=\sqrt{\dfrac{2+z-\theta}{z-\theta}}$，即 $\mu=\dfrac{\sqrt{2(2-\theta)(2+z-\theta)}}{z-\theta}$ 时，可得系统的零温极限。此时，红移因子 $f(r)$ 为

$$f(r)|_{T=0}=1-\frac{2(z-\theta+1)}{z-\theta}\cdot\frac{1}{r^{z-\theta+2}}+\frac{z-\theta+2}{z-\theta}\cdot\frac{1}{r^{2(z-\theta+1)}} \tag{1-128}$$

当 $r\to 1$ 时

$$f(r)|_{T=0,r\to 1}\approx(z-\theta+1)(z-\theta+2)(r-1)^2\equiv\frac{1}{L_2^2}(r-1)^2 \tag{1-129}$$

因此，在零温时，和 RN-AdS 的情况一样，近视界几何为 $AdS_2\times\mathbb{R}^2$。其中，$AdS_2$ 的曲率半径为 $L_2\equiv 1/\sqrt{(z-\theta+1)(z-\theta+2)}$。所以，极

端 HV 黑膜的近视界几何的度规和规范场为

$$
\begin{aligned}
\mathrm{d}s^2 &= \frac{L_2^2}{\bar{u}^2}(-\mathrm{d}\tau^2 + \mathrm{d}\bar{u}^2) + \mathrm{d}x^2 + \mathrm{d}y^2 \\
B_\tau &= \frac{e_b}{\bar{u}}, \quad A_\tau = \frac{e}{\bar{u}}
\end{aligned} \tag{1-130}
$$

在上面的表达式中，已考虑如下标度极限

$$
r - 1 = \varepsilon \frac{L_2^2}{\bar{u}}, \quad t = \varepsilon^{-1}\tau \tag{1-131}
$$

其中，$\varepsilon \to 0$，$\bar{u}$ 和 $\tau$ 有限。此外，已定义 $e_b = \mu_b(2 + z - \theta)L_2^2$ 和 $e = \mu(z - \theta)L_2^2$。

## 1.3.4 零基态熵黑膜

前面讨论的 RN-AdS 黑膜、Lifshitz 黑膜和超标度律破坏黑膜有两个共同的特点：(1) 基态熵不为零；(2) 近视界几何为 $\mathrm{AdS}_2 \times \mathbb{R}^{d-1}$。而在凝聚态物理中，大部分系统的基态熵为零。因此在引力这边，零基态熵的黑膜几何的研究就比较重要。在参考文献 [54]~[56] 中，作者已经研究了零基态熵的黑膜几何。这样的零基态熵黑膜几何根据近视界几何主要分可为两类：(1) 近视界几何为共形 $\mathrm{AdS}_2$[54]；(2) 近视界几何为 Lifshitz 几何[55, 56]。

### 1.3.4.1 近视界几何为共形 $\mathrm{AdS}_2$ 的零基态熵黑膜

实现零基态熵黑膜几何的一个最简单的作用量是[54]

$$
S = \frac{1}{2\kappa^2}\int \mathrm{d}^5x\sqrt{-g}\left[R - 12(\nabla_a\alpha)^2 + \frac{1}{L^2}(8\mathrm{e}^{2\alpha} + 4\mathrm{e}^{-4\alpha}) - \frac{1}{4}\mathrm{e}^{4\alpha}F^{ab}F_{ab}\right] \tag{1-132}
$$

式中，$\alpha$ 为伸缩子场。上述作用量有一个简单的解析黑膜解

$$
\begin{aligned}
&\mathrm{d}s^2 = \mathrm{e}^{2A}(-h\mathrm{d}t^2 + \mathrm{d}\vec{x}^2) + \frac{\mathrm{e}^{2B}}{h}\mathrm{d}r^2, \quad A_a\mathrm{d}x^a = \varPhi\mathrm{d}t \\
&A = \ln\frac{r}{L} + \frac{1}{3}\ln\left(1 + \frac{Q^2}{r^2}\right), \quad B = -\ln\frac{r}{L} - \frac{2}{3}\ln\left(1 + \frac{Q^2}{r^2}\right) \\
&h = 1 - \frac{\mu L^2}{(r^2 + Q^2)^2}, \ \varPhi = \frac{Q\sqrt{2\mu}}{r^2 + Q^2} - \frac{Q\sqrt{2\mu}}{r_0^2 + Q^2}, \ \alpha = \frac{1}{6}\ln\left(1 + \frac{Q^2}{r^2}\right)
\end{aligned} \tag{1-133}
$$

此黑膜解可嵌入到弦理论中，详细讨论可参考文献 [54]。在微正则系综下能量密度，熵密度和电荷密度的表达如下

$$\hat{\varepsilon} \equiv \frac{\kappa^2}{4\pi^2 L^3}\varepsilon = \frac{3\mu}{8\pi^2 L^6}, \quad \hat{s} \equiv \frac{\kappa^2}{4\pi^2 L^3}s = \frac{\sqrt{\mu}r_0}{2\pi L^5}, \quad \hat{\rho} \equiv \frac{\kappa^2}{4\pi^2 L^3}\rho = \frac{Q\sqrt{2\mu}}{4\pi^2 L^5} \tag{1-134}$$

从上面的方程可导出态方程

$$\hat{\varepsilon} = \frac{3}{2^{5/3}\pi^{2/3}}(\hat{s}^2 + 2\pi^2\hat{\rho}^2)^{2/3} \tag{1-135}$$

从而，黑洞的温度和化学势可计算得

$$T = \left(\frac{\partial\hat{\varepsilon}}{\partial\hat{s}}\right)_{\hat{\rho}} = \frac{r_+}{\pi L^2}, \quad \Omega = \left(\frac{\partial\hat{\varepsilon}}{\partial\hat{\rho}}\right)_{\hat{s}} = \frac{\sqrt{2}Q}{L^2} \tag{1-136}$$

因此，熵密度可重新表达为

$$\hat{s} = \pi\sqrt{\frac{2\hat{\varepsilon}}{3}}T \approx (\pi^2\hat{\rho})^{2/3}T \approx \frac{\Omega^2}{4}T \tag{1-137}$$

从温度的表达式中，可得极端黑洞的条件为 $r_0 = 0$，此时 $\mu L^2 = Q^4$。并且，从上式可发现，此引力系统基态熵为零，从而其对偶系统基态熵为零。此外，利用上式，可计算出定荷密度和定化学势下的热容分别为

$$\hat{c}_{\hat{\rho}} = T\left(\frac{\partial\hat{s}}{\partial T}\right)_{\hat{\rho}}, \quad \hat{c}_{\hat{\Omega}} = T\left(\frac{\partial\hat{s}}{\partial T}\right)_{\hat{\Omega}} \tag{1-138}$$

明显，定荷密度和定化学势下的热容对温度的依赖是线性的，和费米气体相似。

此黑膜几何的特征非常不同于 RN-AdS 黑膜。这样的特征可归因于其近视界几何。在零温极限下，$h(r)$ 有两个零点，即 $h(r=0)=0$ 和 $h'(r=0)=0$，但 $h''(r=0)=4/Q^2$。因此可以展开为 $h(r) = \dfrac{2}{Q^2}r^2 + \cdots$ 所以，零温极限下的近视界几何可写为[57]

$$\mathrm{d}s^2 = \left(\frac{r}{Q}\right)^{2/3}\left(-\frac{2r^2}{L^2}\mathrm{d}t^2 + \frac{L^2}{2r^2}\mathrm{d}r^2 + \frac{Q^2}{L^2}\mathrm{d}\boldsymbol{x}^2\right) \tag{1-139}$$

因此，IR 几何共形于 $\mathrm{AdS}_2 \times \mathbb{R}^3$。类似于 RN-AdS 黑膜，可做变换

$r = \dfrac{L_2^2}{\bar{u}}$，$L_2 = \dfrac{L}{\sqrt{2}}$ 为 $\mathrm{AdS}_2$ 曲率半径，则式 1-139 变为

$$\mathrm{d}s^2 = \left(\frac{L_2^2}{Q\bar{u}}\right)^{2/3}\left[\frac{L_2^2}{\bar{u}^2}(-\mathrm{d}t^2 + \mathrm{d}\bar{u}^2) + \frac{Q^2}{L^2}\mathrm{d}\boldsymbol{x}^2\right] \tag{1-140}$$

而规范场 $A_t$ 为

$$\Phi = \frac{L_2^3}{Q\bar{u}^2} \tag{1-141}$$

但是，应该指出，此 Dilaton 黑膜的红移因子 $f(r) = \mathrm{e}^{2A(r)}h(r)$ 有三个零点，即 $f(r=0) = f'(r=0) = f''(r=0) = 0$，而 $f'''(r=0) = \dfrac{40}{3L^2Q^{2/3}r^{1/3}}$ 发散。而正是由于红移因子有三个零点，在此系统加入探测费米场时，其费米动量 $k_F$ 可解析得到。此外，共形引力的荷电 AdS 黑膜几何亦有类似特点[58, 59]。但是，RN-AdS 黑膜费米系统的费米动量 $k_F$ 通常只能用数值的方法得到。

上面五维的 Dilaton 黑膜几何也可以扩展到四维情况[54, 60]，其作用量为

$$S = \frac{1}{2\kappa^2}\int \mathrm{d}^4x\sqrt{-g}\left[R - \frac{3}{2}(\nabla_a\alpha)^2 + \frac{6}{L^2}\cosh\alpha - \frac{1}{4}\mathrm{e}^{\alpha}F^{ab}F_{ab}\right] \tag{1-142}$$

类似的，上面的作用量也有解析解

$$\begin{aligned}
&\mathrm{d}s^2 = \mathrm{e}^{2A}(-h\mathrm{d}t^2 + \mathrm{d}\vec{x}^2) + \frac{\mathrm{e}^{2B}}{h}\mathrm{d}r^2, \quad A_a\mathrm{d}x^a = \Phi\mathrm{d}t \\
&A = \ln\frac{r}{L} + \frac{3}{4}\ln\left(1 + \frac{Q}{r}\right), \quad B = -A, \quad h = 1 - \frac{\mu L^2}{(r+Q)^3} \\
&\Phi = \frac{\sqrt{3Q\mu}}{r+Q} - \frac{\sqrt{3Q}\mu^{\frac{1}{6}}}{L^{\frac{2}{3}}}, \qquad \alpha = \frac{1}{2}\ln\left(1 + \frac{Q}{r}\right)
\end{aligned} \tag{1-143}$$

当 $r_0 = 0$，$\mu L^2 = Q^3$ 时对应于极端黑膜解。$\mathrm{AdS}_4$ 的情况有类似前面讨论的 $\mathrm{AdS}_4$ 的低温热动力学特征和近视界几何，在此不作详细讨论。详细讨论可见文献 [54]。

### 1.3.4.2 近视界几何为 Lifshitz 对称性的零基态熵黑膜

考虑如下四维的伸缩子引力系统[55]

$$S=\frac{1}{2\kappa^2}\int \mathrm{d}^4x\sqrt{-g}\left[R-2(\partial\phi)^2-\mathrm{e}^{2\alpha\phi}F^2+\frac{6}{L^2}\right] \tag{1-144}$$

$\phi$ 是伸缩子场，$\alpha$ 为一模型参数。根据变分原理，可得运动方程如下

$$\begin{aligned}
&G_{ab}=2\partial_a\phi\partial_b\phi-(\partial\phi)^2g_{ab}+2\mathrm{e}^{2\alpha\phi}\left(F_{ac}F_b{}^c-\frac{1}{4}F^2g_{ab}\right)+\frac{3}{L^2}g_{ab}\\
&\frac{2}{\sqrt{-g}}\partial_a(\sqrt{-g}g^{ab}\partial_b\phi)=\alpha\mathrm{e}^{2\alpha\phi}F^2\\
&\frac{1}{\sqrt{-g}}\partial_a(\sqrt{-g}\mathrm{e}^{2\alpha\phi}F^{ab})=0
\end{aligned} \tag{1-145}$$

取下面的度规和规范场拟设

$$\begin{aligned}
&\mathrm{d}s^2=-a^2(r)\mathrm{d}t^2+\frac{\mathrm{d}r^2}{a^2(r)}+b^2(r)[(\mathrm{d}x)^2+(\mathrm{d}y)^2]\\
&\mathrm{e}^{2\alpha\phi(r)}F=\frac{Q}{b^2(r)}\mathrm{d}t\wedge\mathrm{d}r
\end{aligned} \tag{1-146}$$

容易验证，上述规范场自动满足麦克斯韦方程。剩余运动方程为

$$\begin{aligned}
&(a^2b^2\phi')'=-\alpha\mathrm{e}^{-2\alpha\phi}\frac{Q^2}{b^2}\\
&a^2b'^2+\frac{1}{2}(a^2)'(b^2)'=\phi'^2a^2b^2-\mathrm{e}^{-2\alpha\phi}\frac{Q^2}{b^2}+\frac{3b^2}{L^2}\\
&(a^2b^2)''=\frac{12b^2}{L^2}\\
&\frac{b''}{b}=-\phi'^2
\end{aligned} \tag{1-147}$$

下面将构建具有如下特征的黑膜解：IR 几何具有 Lifshitz 对称性，UV 几何为 AdS。此外，本小节余下内容，将设 $L=1$ 和 $\kappa=1$。首先构建近视界 $r_0$ 处的标度解。为此，考虑如下拟设

$$a=C_1r_*^{\gamma},b=C_2r_*^{\beta},\phi=-K\ln r_*+C_3 \tag{1-148}$$

式中，$C_1$，$C_2$，$C_3$，$\gamma$，$\beta$ 和 $K$ 为模型参数。不失一般性，设 $C_1$ 和 $C_2$ 为正。此外，为方便，在上面已导入了 $r_*=r-r_0$。

将式 1-148 代入式 1-147，可得

$$\gamma=1,\quad \beta=\frac{\left(\frac{\alpha}{2}\right)^2}{1+\left(\frac{\alpha}{2}\right)^2},\quad K=\frac{\frac{\alpha}{2}}{1+\left(\frac{\alpha}{2}\right)^2}$$

$$C_1^2=\frac{6}{(\beta+1)(2\beta+1)},\quad Q^2\mathrm{e}^{-2\alpha C_3}=\frac{(2\beta+1)KC_1^2C_2^4}{\alpha} \tag{1-149}$$

此解具有 Lifshitz 对称性，动力学临界指数为 $z=\frac{1}{\beta}$。并且，在此黑膜解中，当 $r=r_0$ 时，度规分量 $g_{tt}$ 有两个零点，$g_{xx}$ 也为零，因此对应于零基态熵的极端黑膜。此外，当 $\alpha=0$ 时，此黑膜解的近视界几何变为 $\mathrm{AdS}_2\times\mathbb{R}^2$。因此，本小节将设 $\alpha>0$，即近视界几何为 Lifshitz 的情况。

为实现 UV 几何为 AdS，可通过加一扰动到上面的标度解中。为此，先做坐标变换

$$r=\lambda\tilde{r},t=\frac{\tilde{t}}{\lambda},x^i=\frac{\tilde{x}^i}{\bar{\lambda}} \tag{1-150}$$

其中 $\lambda=\mathrm{e}^{\frac{C_3}{K}}$ 和 $\bar{\lambda}=\sqrt{C_2\lambda^\beta}$。在此重标度下，式 1-146 变为

$$\mathrm{d}s^2=-\frac{a^2(r)}{\lambda^2}\mathrm{d}\tilde{t}^2+\frac{\lambda^2\mathrm{d}\tilde{r}^2}{a^2(r)}+\frac{b^2(r)}{\bar{\lambda}}[(\mathrm{d}\tilde{x})^2+(\mathrm{d}\tilde{y})^2] \tag{1-151}$$

以致可设 $C_2=1$，$C_3=0$。同时

$$a=C_1r_*,\quad b=r_*^\beta,\quad \phi=-K\ln r_* \tag{1-152}$$

此外，根据 $\alpha$，电荷 $Q$ 表达为

$$Q^2=\frac{6}{\alpha^2+2} \tag{1-153}$$

接下来，加一小扰动到式 1-148。解运动方程，可得在主要阶上满足运动方程的函数如下

$$a=C_1r_*(1+d_1r_*^\nu),\quad b=r_*^\beta(1+d_2r_*^\nu),\quad \phi=-K\ln r_*+d_3r_*^\nu \tag{1-154}$$

式中，$d_3=\dfrac{2\beta+\nu-1}{2K}d_2$，$d_1=\left[\dfrac{2(1+\beta)(1+2\beta)}{(2\beta+2+\nu)(2\beta+1+\nu)}-1\right]d_2$，$\nu=\dfrac{1}{2}\left[-2\beta-1+\sqrt{(2\beta+1)(10\beta+9)}\right]$，且皆为正。这表明近视界处，扰动消失。这样的一个扰动解由两个参数 $\alpha$ 和 $d_1$ 所决定。

取近视界处的扰动解为数值积分的初始数据，可得到此系统的数值解 (图 1-1，a 图为背景解，其中参数为 $\alpha=1$，$d_1=-0.514219$。b 图中实线为 $a'(r)$，虚线为 $b'(r)$)。从图 1-1 中可发现，取 $d_1=-0.514219$，在 $r\to\infty$ 时，$b'(r)\to 1$。也就是说，此时，边界解为标准的渐近 AdS。最后要指出的是，对于任何其他负的 $d_1$ 值，边界 UV 几何不是标准 AdS，常需要做一坐标变换来达到此目的。但 $d_1>0$，数值解是奇的。

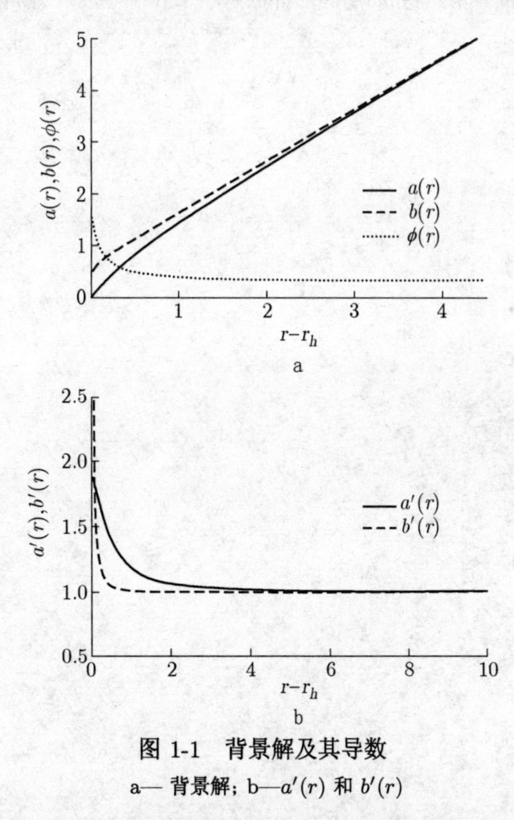


图 1-1 背景解及其导数

a— 背景解；b—$a'(r)$ 和 $b'(r)$

在本节，分别介绍了 RN-AdS 黑膜，Lifshitz 黑膜，超标度律破坏黑膜以及两个零基态熵黑膜几何。RN-AdS 黑膜 UV 几何为标准的 AdS，而 Lifshitz 黑膜和超标度律破坏黑膜的 UV 几何对称性分别具有 Lifshitz 和超标度律破坏对称性。超标度律破坏对称性是比 Lifshitz 对称性更广的一类对称性。这三种黑膜几何的 IR 几何皆为 $AdS_2$。而后面介绍的两个零基态熵黑膜几何的近视界几何分别为共形 $AdS_2$ 和 Lifshitz 几何。

# 2 全息费米谱函数

第一节主要导出静态对角度规的狄拉克方程表达；讨论 UV 几何为 AdS 和 Lifshitz 的情况边界格林函数的读法；分析 IR 几何为 $AdS_2$、共形 $AdS_2$ 和 Lifshitz 对称性情况的边界条件；此外，还将介绍 RN-AdS 黑膜几何背景的全息费米系统的低能有效行为。第二节介绍非相对论性费米定点格林函数的特点和低能有效行为。

## 2.1 全息费米系统

### 2.1.1 狄拉克方程

#### 2.1.1.1 狄拉克方程

要研究狄拉克算符 $O_\zeta$ 的谱函数，最简单的做法是在几何背景中加入一自由的探测粒子 (费米场 $\zeta$)

$$S_D = i\int \mathrm{d}^{d+1}x\sqrt{-g}\bar{\zeta}\left(\Gamma^a D_a - m\right)\zeta \tag{2-1}$$

$\Gamma^a$ 为弯曲时空伽马矩阵，和通闵氏时空伽马矩阵 $\Gamma^\mu$ 之间的关系为 $\Gamma^a = (e_\mu)^a \Gamma^\mu$。协变导数算符 $D_a = \partial_a + \dfrac{1}{4}(\omega_{\mu\nu})_a\Gamma^{\mu\nu} - iqA_a$，$(\omega_{\mu\nu})_a$ 为自旋联络一形式，$\Gamma^{\mu\nu} = \dfrac{1}{2}[\Gamma^\mu, \Gamma^\nu]$。因为 $\Gamma^\mu$ 满足反称关系 $\{\Gamma^\mu, \Gamma^\nu\} = 0$，所以可得 $\Gamma^{\mu\nu} = \Gamma^\mu\Gamma^\nu$。

为得到一个一般性的狄拉克方程，考虑如下一般的静态几何背景

$$\mathrm{d}s^2 = -g_{tt}(r)\mathrm{d}t^2 + g_{rr}(r)\mathrm{d}r^2 + \sum_1^{d-1} g_{ii}(r)(\mathrm{d}x^i)^2 \tag{2-2}$$

此为对角度规，关于非对角的情况，将在第 4 章讨论。因为关于狄拉克方程的计算，需要用到标架的形式。所以在本书中关于狄拉克方程的相关问题，均采用文献 [63]、[64] 约定。拉丁字母 $a$、$b$ 等表示通常

的时空抽象指标，希腊字母 $\mu$，$\nu$ 等表示切空间指标。此外，坐标的约定为 $\{x^0, x^1, \cdots, x^d\}$，其中，$x^0 := t$, $x^d := r$。如果 $d = 3$，还将用约定：$x^1 := x$, $x^2 := y$。

自旋联络一形式 $(\omega_{\mu\nu})_a$ 的计算，通常有两种方法。第一种方法是利用嘉当 (Cartan) 第一结构方程

$$(\mathrm{d}e^\nu)_{ab} = -(e^\mu \wedge \omega_\mu{}^\nu)_{ab} \tag{2-3}$$

第二种方法可通过下面表达式直接计算

$$(\omega_{\mu\nu})_a = (e_\mu)_b \nabla_a (e_\nu)^b \tag{2-4}$$

在本书中，将用第二种方法进行计算。因此，首先应该给出正交归一基底的坐标基底表示。为方便看出对偶基底 $(e^\mu)_a$ 的表达形式，重新将式 2-2 表达如下

$$\begin{aligned} g_{ab} &\equiv \tilde{g}_{\mu\nu}(\mathrm{d}x^\mu)_a(\mathrm{d}x^\nu)_b \\ &= -g_{tt}(\mathrm{d}t)_a(\mathrm{d}t)_b + g_{rr}(\mathrm{d}r)_a(\mathrm{d}r)_b + \sum_1^{d-1} g_{ii}(\mathrm{d}x^i)_a(\mathrm{d}x^i)_b \end{aligned} \tag{2-5}$$

因为在此约定 $g_{tt} \geqslant 0$，所以在上式定义了 $\tilde{g}_{\mu\nu}$ 来具体进行度规升降。相应的，度规张量 $g_{ab}$ 用正交归一标架可表示如下

$$\begin{aligned} g_{ab} &\equiv \eta_{\mu\nu}(e^\mu)_a(e^\nu)_b \\ &= -(e^0)_a(e^0)_b + (e^d)_a(e^d)_b + \sum_1^{d-1}(e^i)_a(e^i)_b \end{aligned} \tag{2-6}$$

上面两式中，$i = 1, 2, \cdots, d-1$。对比上面两个式子，可以选如下的对偶基底

$$(e^\mu)_a = \sqrt{g_{\mu\mu}}(\mathrm{d}x^\mu)_a \tag{2-7}$$

应提醒读者，对偶基底的选择不是唯一的，具有任意性，应根据具体情况选择最简单的。正交归一基底 $(e_\mu)^a$ 可通过度规 $g_{ab}$ 和 $\eta_{\mu\nu}$ 对对偶基底 $(e^\mu)_a$ 进行升降指标得到

$$(e_\mu)^a = (e^\nu)_b g^{ab} \eta_{\mu\nu} \tag{2-8}$$

作为例子，给出 $(e^0)^a$ 的计算过程

$$
\begin{aligned}
(e_0)^a &= (e^0)_b g^{ab}\eta_{00} = -\sqrt{g_{tt}}g^{ab}(\mathrm{d}t)_b \\
&= -\sqrt{g_{tt}}\tilde{g}^{t\nu}\left(\frac{\partial}{\partial x^\nu}\right)^b = \sqrt{g^{tt}}\left(\frac{\partial}{\partial t}\right)^a
\end{aligned} \tag{2-9}
$$

类似的计算，可以给出其他的正交归一矢量基，总结如下

$$
(e_\mu)^a = \sqrt{g^{\mu\mu}}\left(\frac{\partial}{\partial x^\mu}\right)^a \tag{2-10}
$$

有了正交归一矢量基及其对偶基底，即可利用式 2-4 计算自旋联络一形式 $(\omega_{\mu\nu})_a$。作为例子，给出 $(\omega_{tr})_a$ 的计算过程

$$
\begin{aligned}
(\omega_{tr})_a &= (e_t)_b\nabla_a(e_r)^b = \eta_{tt}(e^t)_b\nabla_a(e_r)^b = -\frac{\sqrt{g_{tt}}}{\sqrt{g_{rr}}}(\mathrm{d}t)_b\nabla_a\left(\frac{\partial}{\partial r}\right)^b \\
&= -\frac{\sqrt{g_{tt}}}{\sqrt{g_{rr}}}(\mathrm{d}t)_b\Gamma^b_{ac}\left(\frac{\partial}{\partial r}\right)^c = -\frac{\sqrt{g_{tt}}}{\sqrt{g_{rr}}}\Gamma^t_{ar} = -\frac{\partial_r\sqrt{g_{tt}}}{\sqrt{g_{rr}}}(\mathrm{d}t)_a
\end{aligned} \tag{2-11}
$$

在第三个等号中，利用了 $\nabla_a g_{bc} = 0$ 以及 $\partial_a\left(\dfrac{\partial}{\partial x^\mu}\right)^b = 0$。类似的，可以求出其他的自旋联络一形式。所有的非零自旋联络一形式总结如下

$$
\begin{aligned}
(\omega_{tr})_a &= -(\omega_{rt})_a = -\frac{\partial_r\sqrt{g_{tt}}}{\sqrt{g_{rr}}}(\mathrm{d}t)_a \\
(\omega_{ir})_a &= -(\omega_{ri})_a = \frac{\partial_r\sqrt{g_{ii}}}{\sqrt{g_{rr}}}(\mathrm{d}x^i)_a
\end{aligned} \tag{2-12}
$$

有了自旋联络一形式后，即可计算狄拉克方程。根据变分原理，从式 2-1 可导出狄拉克方程

$$
\Gamma^a D_a\zeta - m\zeta = 0 \tag{2-13}
$$

而规范场将采用下面的拟设

$$
A_a = A_t(r)(\mathrm{d}t)_a \tag{2-14}
$$

为化简狄拉克方程，可做变换 $\zeta = (-gg^{rr})^{-\frac{1}{4}}\hat{F}$ 以消掉狄拉克方程中的自旋联络项。这样，狄拉克方程变为

$$
\sqrt{g^{rr}}\Gamma^r\partial_r\hat{F} + \sqrt{g^{tt}}\Gamma^t(\partial_t - iqA_t)\hat{F} + \left(\sum_i\sqrt{g^{ii}}\Gamma^i\partial_i\right)\hat{F} - m\hat{F} = 0 \tag{2-15}
$$

在傅里叶空间中展开 $\hat{F}$：$\hat{F}=Fe^{-i\omega t+ik_i x^i}$，狄拉克方程重写为

$$\sqrt{g^{rr}}\Gamma^r\partial_r F-i(\omega+qA_t)\sqrt{g^{tt}}\Gamma^t F+ik\sqrt{g^{xx}}\Gamma^x F-mF=0 \quad (2\text{-}16)$$

由于空间方向的旋转对称性，已设 $k_x=k$ 和 $k_i=0,\ i\neq 1$。这样，狄拉克方程仅仅依赖于伽马矩阵 $\Gamma^r$、$\Gamma^t$、$\Gamma^x$。因此可分离自旋场 $F$ 为 $F=(F_1,F_2)^T$，并选用如下的伽马矩阵

$$\Gamma^r=\begin{pmatrix}-\sigma^3\mathbf{1} & 0\\ 0 & -\sigma^3\mathbf{1}\end{pmatrix},\Gamma^t=\begin{pmatrix}i\sigma^1\mathbf{1} & 0\\ 0 & i\sigma^1\mathbf{1}\end{pmatrix},\Gamma^x=\begin{pmatrix}-\sigma^2\mathbf{1} & 0\\ 0 & \sigma^2\mathbf{1}\end{pmatrix} \quad (2\text{-}17)$$

式中，$\mathbf{1}$ 是 $2^{\frac{d-3}{2}}\times 2^{\frac{d-3}{2}}$($d$ 为奇数) 或者 $2^{\frac{d-4}{2}}\times 2^{\frac{d-4}{2}}$($d$ 为奇数) 的单位矩阵。因为最后导出的格林函数正比于这样一个单位矩阵，所以在下面的讨论中，将压低这个单位矩阵。因此，狄拉克方程可重新表示为

$$\begin{aligned}&\sqrt{g^{rr}}\partial_r\begin{pmatrix}F_1\\ F_2\end{pmatrix}+m\sigma^3\otimes\begin{pmatrix}F_1\\ F_2\end{pmatrix}\\ &=\sqrt{g^{tt}}(\omega+qA_t)i\sigma^2\otimes\begin{pmatrix}F_1\\ F_2\end{pmatrix}\mp k\sqrt{g^{xx}}\sigma^1\otimes\begin{pmatrix}F_1\\ F_2\end{pmatrix}\end{aligned} \quad (2\text{-}18)$$

进一步，根据 $\Gamma^r$ 的本征值，做分解：$F_\pm=\dfrac{1}{2}(1\pm\Gamma^r)F$。那么

$$F_+=\begin{pmatrix}B_1\\ B_2\end{pmatrix},\quad F_-=\begin{pmatrix}A_1\\ A_2\end{pmatrix} \quad (2\text{-}19)$$

其中

$$F_I\equiv\begin{pmatrix}\hat{A}_I\\ \hat{B}_I\end{pmatrix} \quad (2\text{-}20)$$

在这样的分解下，狄拉克方程可重写为

$$\begin{aligned}(\sqrt{g^{rr}}\partial_r\pm m)\begin{pmatrix}\hat{A}_1\\ \hat{B}_1\end{pmatrix}&=\pm(\omega+qA_t)\sqrt{g^{tt}}\begin{pmatrix}\hat{B}_1\\ \hat{A}_1\end{pmatrix}-k\sqrt{g^{xx}}\begin{pmatrix}\hat{B}_1\\ \hat{A}_1\end{pmatrix}\\ (\sqrt{g^{rr}}\partial_r\pm m)\begin{pmatrix}\hat{A}_2\\ \hat{B}_2\end{pmatrix}&=\pm(\omega+qA_t)\sqrt{g^{tt}}\begin{pmatrix}\hat{B}_2\\ \hat{A}_2\end{pmatrix}+k\sqrt{g^{xx}}\begin{pmatrix}\hat{B}_2\\ \hat{A}_2\end{pmatrix}\end{aligned} \quad (2\text{-}21)$$

#### 2.1.1.2 边界格林函数

如果 UV 几何为 AdS，即 $g_{rr}=\frac{1}{r^2}$ 和 $g_{ii}=r^2,\quad i\neq d$。此时，狄拉克方程 (式 2-18) 约化为

$$(r\partial_r+m\sigma^3)\otimes\begin{pmatrix}F_1\\F_2\end{pmatrix}=0 \tag{2-22}$$

此方程解为

$$\hat{A}_I=b_Ir^{-m},\quad \hat{B}_I=a_Ir^{-m},\qquad I=1,2 \tag{2-23}$$

可重新组合如下

$$F_I\overset{r\to\infty}{\approx}a_Ir^m\begin{pmatrix}0\\1\end{pmatrix}+b_Ir^{-m}\begin{pmatrix}1\\0\end{pmatrix},\qquad I=1,2 \tag{2-24}$$

如果 $b_I\begin{pmatrix}1\\0\end{pmatrix}$ 和 $a_I\begin{pmatrix}0\\1\end{pmatrix}$ 有如下关系

$$b_I\begin{pmatrix}1\\0\end{pmatrix}=\hat{S}a_I\begin{pmatrix}0\\1\end{pmatrix} \tag{2-25}$$

那么边界上的格林函数 $G$ 和矩阵 $\hat{S}$ 的关系为 $G=-i\hat{S}\gamma^0$。因此，UV 边界上的格林函数为

$$G(\omega,k)=\begin{pmatrix}G_{11}&0\\0&G_{22}\end{pmatrix} \tag{2-26}$$

式中，$G_{II}=\frac{b_I}{a_I}$。原则上，只要在 IR 边界上加上入射波边界条件，即可解狄拉克方程 (式 2-21)，从而根据式 2-26 读出边界格林函数。但是，为了数值的方便，可先把式 2-21 组合成格林函数的演化方程，即可通过解此演化方程，直接读出边界格林函数。此做法将使数值计算大大简化。为此，导入变量，$\xi_I\equiv\frac{A_I}{B_I},I=1,2$。这样，狄拉克方程 (式 2-21) 可组合成一简单的 $\xi_I$ 的演化方程

$$\begin{aligned}(\sqrt{g^{rr}}\partial_r+2m)\xi_I=&\left[\sqrt{g^{tt}}(\omega+qA_t)+(-1)^\alpha k\sqrt{g^{xx}}\right]+\\&\left[\sqrt{g^{tt}}(\omega+qA_t)-(-1)^\alpha k\sqrt{g^{xx}}\right]\xi_I^2\end{aligned} \tag{2-27}$$

当 $r\to\infty$ 时，从式 2-23 可知推得 $\xi_I$ 和 $G_{II}$ 的关系

$$\xi_I\equiv\frac{\hat{A}_I}{\hat{B}_I}=\frac{b_Ir^{-m}}{a_Ir^m}=r^{-2m}G_{II} \tag{2-28}$$

从而格林函数 (式 2-26) 可根据 $\xi_I$ 表示如下

$$G(\omega,k)=\lim_{r\to\infty}r^{2m}\begin{pmatrix}\xi_1 & 0\\ 0 & \xi_2\end{pmatrix} \tag{2-29}$$

当 UV 几何为 Lifshitz 几何时，$g_{rr}=r^{-2}$，$g_{tt}=r^{2z}$ 和 $g_{xx}=g_{yy}=r^2$，式 2-18 变为

$$r\partial_r\begin{pmatrix}F_1\\F_2\end{pmatrix}+m\sigma^3\otimes\begin{pmatrix}F_1\\F_2\end{pmatrix}-\frac{1}{r^z}(\omega+q\mu)i\sigma^2\otimes\begin{pmatrix}F_1\\F_2\end{pmatrix}\pm\frac{k}{r}\sigma^1\otimes\begin{pmatrix}F_1\\F_2\end{pmatrix}=0 \tag{2-30}$$

当 $r\to\infty$ 时，上式中第三、第四项比第二项更快趋近于 0，故可约化为式 2-22。因此，格林函数可根据 $G_{II}=\dfrac{b_I}{a_I}$ 读出。最终可表达为式 2-29。

而当 UV 几何为 HV 几何时，$g_{rr}=r^{-\theta-2}$，$g_{tt}=r^{2z-\theta}$ 和 $g_{xx}=g_{yy}=r^{2-\theta}$，此时，狄拉克方程 (式 2-18) 为

$$r\partial_r\begin{pmatrix}F_1\\F_2\end{pmatrix}+\frac{m}{r^{\theta/2}}\sigma^3\otimes\begin{pmatrix}F_1\\F_2\end{pmatrix}-\frac{1}{r^z}(\omega+q\mu)i\sigma^2\otimes\begin{pmatrix}F_1\\F_2\end{pmatrix}\pm\frac{k}{r}\sigma^1\otimes\begin{pmatrix}F_1\\F_2\end{pmatrix}=0 \tag{2-31}$$

此时，情况较复杂，在此不做详细讨论。

#### 2.1.1.3 边界条件

要解狄拉克方程或演化方程，需要在视界处加一入射波的边界条件。首先讨论 $\mathrm{RN-AdS_4}$ 黑膜几何的边界条件。先考虑非零温且 $\omega\neq0$ 的情况。对于 $\mathrm{RN-AdS_4}$ 黑膜几何，$g_{tt}=r^2f$，$g_{rr}=\dfrac{1}{r^2f}$，$g_{xx}=g_{yy}=r^2$

$$(rf^{1/2}\partial_r\pm m)\begin{pmatrix}\hat{A}_I\\ \hat{B}_I\end{pmatrix}=\pm(\omega+qA_t)\frac{1}{rf^{1/2}}\begin{pmatrix}\hat{B}_I\\ \hat{A}_I\end{pmatrix}+(-1)^I\frac{k}{r}\sqrt{g^{xx}}\begin{pmatrix}\hat{B}_I\\ \hat{A}_I\end{pmatrix} \tag{2-32}$$

近视界处 $(r \to 1)$，$A_t = 0$，$f(r) \to 0$，所以上面的狄拉克方程约化为

$$\partial_r \hat{A}_I = \frac{\omega}{f} \hat{B}_I, \quad \partial_r \hat{B}_I = -\frac{\omega}{f} \hat{A}_I \tag{2-33}$$

对于非零温情况，$f(r)$ 仅有一零点，$f'(1) = 3 - Q^2$。故 $f(r)$ 的近视界展开为 $f(r) \approx (3 - Q^2)(r - 1)$。设 $r_* = r - 1 > 0$，则上面方程变为

$$r_* \partial_{r_*} \hat{A}_I \propto \omega \hat{B}_I, \quad r_* \partial_{r_*} \hat{B}_I \propto -\omega \hat{A}_I \tag{2-34}$$

进一步设 $\hat{R} = \int \frac{1}{r_*} \mathrm{d}r_* > 0$，则有

$$\partial_{\hat{R}} \hat{A}_I \propto \omega \hat{B}_I, \quad \partial_{\hat{R}} \hat{B}_I \propto -\omega \hat{A}_I \tag{2-35}$$

从而有

$$\frac{\partial^2 \hat{B}_I}{\partial \hat{R}^2} \propto -\omega^2 \hat{B}_I \tag{2-36}$$

此二阶方程的解为 $\hat{B}_I \propto \exp(\pm i\omega \hat{R})$。有物理意义的解要求相对于视界，应该为一入射波，故应取 $\hat{B}_I \propto \exp(-i\omega \hat{R})$。因此，也可以得到 $\hat{A}_I \propto i \exp(-i\omega \hat{R})$。最终可得到非零温，$\omega \neq 0$ 时，在视界 $r = 1$ 处

$$\xi_I = \frac{\hat{A}_I}{\hat{B}_I} = i \tag{2-37}$$

零温的情况类似可得到同样的结果。但是 $\omega = 0$ 时，上面的边界条件不再适用，而应该为 ($d = 3$ 的情况)

$$\xi_I|_{r=1,\omega=0} = \frac{m - \sqrt{k^2 + m^2 - \frac{\mu_q^2}{6} - i\varepsilon}}{\frac{\mu_q}{\sqrt{6}} \pm k} \tag{2-38}$$

关于 $\omega = 0$ 的情况，用前面介绍的方法可得到，在此不再重复。

当近视界几何为共形 $AdS_2$ 时，将式 1-139 代入式 2-21，可得[1]

$$\left[\sqrt{2} r \partial_r \pm m \left(\frac{r}{Q}\right)^{1/3}\right] \begin{pmatrix} \hat{A}_I \\ \hat{B}_I \end{pmatrix} = \pm \frac{\omega}{\sqrt{2} r} \begin{pmatrix} \hat{B}_I \\ \hat{A}_I \end{pmatrix} + (-1)^I \frac{k}{Q} \begin{pmatrix} \hat{B}_I \\ \hat{A}_I \end{pmatrix} \tag{2-39}$$

[1] 在此，以四维的情况为例，并只考虑零温情况。

当 $r\to 0$ 时，上面的方程约化为

$$2r^2\partial_r\begin{pmatrix}\hat{A}_I\\ \hat{B}_I\end{pmatrix}=\pm\omega\begin{pmatrix}\hat{B}_I\\ \hat{A}_I\end{pmatrix}\tag{2-40}$$

做变量代换 $\hat{R}=\int\frac{1}{2r^2}\mathrm{d}r$，上面的方程即可化为形如式 2-35 的方程。余下讨论类似。当 $\omega\neq 0$ 时，可得到 $\xi_I=i$。关于 $\omega=0$，做类似的讨论，可得到类似于式 2-38 的边界条件。在此不做详细讨论。

现在讨论近视界几何为 Lifshitz 对称性情况的边界条件。以 1.3.4 小节讨论的模型为例导出其边界条件。将近视界度规代入式 2-18，可得[72]

$$\begin{aligned}&\partial_{r_*}\begin{pmatrix}F_1\\ F_2\end{pmatrix}+\frac{\sqrt{7}m}{5r_*}\sigma^3\otimes\begin{pmatrix}F_1\\ F_2\end{pmatrix}\\ &=\frac{7}{25r_*^2}(\omega-\frac{5\sqrt{2}}{7}qr_*^{\frac{7}{5}})i\sigma^2\otimes\begin{pmatrix}F_1\\ F_2\end{pmatrix}\mp\frac{\sqrt{7}}{5r_*^{\frac{6}{5}}}k\sigma^1\otimes\begin{pmatrix}F_1\\ F_2\end{pmatrix}\end{aligned}\tag{2-41}$$

根据上面的方程，容易得到入射波边界条件为

$$F_I\propto\begin{pmatrix}i\\ 1\end{pmatrix}\mathrm{e}^{-i\omega\hat{R}},\quad \omega\neq 0\tag{2-42}$$

和

$$F_I\propto\begin{pmatrix}|k|\\ (-1)^\alpha k\end{pmatrix}\mathrm{e}^{|k|\hat{\hat{R}}},\quad \omega=0\tag{2-43}$$

在上面，已定义了 $\hat{R}=\frac{7}{25}\int\frac{\mathrm{d}r_*}{r_*^2}$ 和 $\hat{\hat{R}}=\frac{\sqrt{7}}{5}\int\frac{\mathrm{d}r_*}{r_*^{6/5}}$。因此 $\xi_I$ 的边界条件为

$$\xi_I\overset{r\to r_0}{=\!=\!=}i,\quad \omega\neq 0\tag{2-44}$$

和

$$\xi_I\overset{r\to r_0}{=\!=\!=}(-1)^\alpha\mathrm{sign}(k),\quad \omega=0\tag{2-45}$$

### 2.1.2 谱函数特点

利用视界处的边界条件，数值解式 2-27，可直接利用式 2-29 读出对偶场论的格林函数。在此，仅对 RN-AdS 黑膜几何背景的全息费米系统的谱函数特点做一简单介绍。细节可参考文献 [25]、[61]、[62]。

首先，从式 2-27 可以推断出对偶场论的格林函数的一些对称性特点，总结如下：

(1) $G_{22}(\omega, k) = G_{11}(\omega, -k)$；

(2) $G_{22}(\omega, k; -q) = G_{11}^{*}(-\omega, k; q)$；

(3) 当费米场质量为零 $(m = 0)$ 时，$G_{22}(\omega, k) = -\dfrac{1}{G_{11}(\omega, k)}$ 且 $G_{22}(\omega, k = 0) = G_{11}(\omega, k = 0) = i$。

由于 $G_{11}(\omega, k)$ 和 $G_{22}(\omega, k)$ 之间的对称性，通常可仅仅研究 $G_{22}(\omega, k)$ 的特点。而 $G_{11}(\omega, k)$ 可通过 $G_{11}(\omega, k) = G_{22}(\omega, -k)$ 得到。其他的特点总结如下：

(1) 存在以下非线性的色散关系

$$\tilde{\omega}(\tilde{k}) \propto \tilde{k}^{\delta} \tag{2-46}$$

在极端黑洞的情况，当 $m = 0$ 和 $q = 1$ 时，$\delta = 2.09 \pm 0.01$。另一标度行为

$$ImG_{22}(\tilde{\omega}, \tilde{k}) \propto \tilde{k}^{-\beta} \tag{2-47}$$

$\beta = 1.00 \pm 0.01$。其中，$\tilde{k} = k - k_F$，而 $\tilde{\omega}(\tilde{k})$ 是准粒子峰最大值所对应的 $\omega$。上面的两个标度行为表明，RN-AdS 费米系统的标度行为明显不同于朗道费米液体[1]。因此，RN-AdS 几何的费米系统对偶于非费米液体。实际上，色散关系式 2-46 和费米场质量 $m$ 以及电荷 $q$ 有关。

(2) 当 $k < \dfrac{\mu_q}{\sqrt{6}}$ 时，格林函数 $G_{II}$ 具有离散标度不变性，即

$$G_{II}(\omega, k) = G_{II}(\omega e^{n\hat{w}(k)}, k), \quad n \in \mathbb{Z}, \ \omega \to 0 \tag{2-48}$$

$\hat{w}(k)$ 是一个 $k$ 依赖的正常数。

[1] 对于朗道费米液体，$\delta = \beta = 1$。

(3) 费米动量 $k_F$ 与 $q$ 近似呈线性变化。并且当 $q$ 进一步增大的时候，多个费米面出现。

(4) 色散关系的指数 $\delta$ 随着 $q$ 的增加而快速减小。另一个标度指数 $\beta$ 总是为 1，而和 $q$ 无关。因此，随着 $q$ 的增加，RN-Ad 黑膜几何中的全息费米系统从非费米液体逐渐地变得更像费米液体。

(5) $k=\dfrac{\mu_q}{\sqrt{6}}$ 将 $q-k$ 空间分为两个区域。左边是振荡区域，右边是准粒子线的位置。当 $q$ 增大时，费米线和黑线 $k=\dfrac{\mu_q}{\sqrt{6}}$ 相交而进入振荡区域，失去了它作为费米面的状态。

### 2.1.3 低能有效行为

本小节简单介绍利用解析的方法研究费米系统的低能有效行为。详细讨论可见文献 [25]。

#### 2.1.3.1 IR 边界格林函数

本小节将导出 $AdS_2$ 时空的格林函数。为此，首先沿径向坐标 $r$ 将时空分为两个区间，内部区域和外部区域

$$\text{内部}:\quad r-1=\omega\frac{L_2^2}{\bar{u}},\quad \varepsilon<\bar{u}<\infty$$

$$\text{外部}:\quad r-1>\omega\frac{L_2^2}{\varepsilon} \tag{2-49}$$

$\omega\to 0$, $\varepsilon\to 0$, $\omega\dfrac{L_2^2}{\varepsilon}\to 0$，而 $\bar{u}$ 有限。内部区域正是在 1.3.1 节讨论的近视界几何，$AdS_2\times\mathbb{R}^2$ 几何。在此，已设式 1-69 中的 $\lambda=\omega$。可根据 $\omega$ 的幂指数展开狄拉克场 $F$ 如下

$$\begin{pmatrix}F_1(\bar{u})\\F_2(\bar{u})\end{pmatrix}=\begin{pmatrix}F_1^{(0)}(\bar{u})\\F_2^{(0)}(\bar{u})\end{pmatrix}+\omega\begin{pmatrix}F_1^{(1)}(\bar{u})\\F_2^{(1)}(\bar{u})\end{pmatrix}+\omega^2\begin{pmatrix}F_1^{(2)}(\bar{u})\\F_2^{(2)}(\bar{u})\end{pmatrix}+\cdots \tag{2-50}$$

将此方程代入狄拉克方程 (式 2-18)，忽略高阶项，有

$$\partial_{\bar{u}}\begin{pmatrix}F_1^{(0)}(\bar{u})\\F_2^{(0)}(\bar{u})\end{pmatrix}=\frac{1}{\sqrt{6}\bar{u}}m\sigma^3\begin{pmatrix}F_1^{(0)}(\bar{u})\\F_2^{(0)}(\bar{u})\end{pmatrix}-i\left(1+\frac{q\mu}{6\bar{u}}\right)\sigma^2\begin{pmatrix}F_1^{(0)}(\bar{u})\\F_2^{(0)}(\bar{u})\end{pmatrix}-(-1)^I\frac{1}{\sqrt{6}\bar{u}}k\sigma^1\begin{pmatrix}F_1^{(0)}(\bar{u})\\F_2^{(0)}(\bar{u})\end{pmatrix} \tag{2-51}$$

$F_I^{(0)}(\bar{u})$ 对偶于 IR $\mathrm{CFT}_1$ 的狄拉克算符 $O_I$，其共形维数为 $\delta_k=\nu_k+\dfrac{1}{2}$。而

$$\nu_I(k)\equiv\sqrt{m_k^2L_2^2-q^2e_d^2}=\frac{g_Fq}{\sqrt{12}}\sqrt{\frac{2m^2}{g_F^2q^2}+6\frac{k^2}{\mu_q^2}-1} \tag{2-52}$$

其中，$m_k^2=k^2+m^2$ 为有效 $\mathrm{AdS}_2$ 质量。近 $\mathrm{AdS}_2$ 边界 $(\bar{u}\to 0)$，$F_I^{(0)}(\bar{u})$ 的行为如下

$$F_I^{(0)}(\bar{u})=a_I^{(0)}\bar{u}^{-\nu_k}+b_I^{(0)}\bar{u}^{\nu_k} \tag{2-53}$$

因此，$\mathrm{AdS}_2$ 边界格林函数可根据 $\hat{G}_I(k,\omega)=\dfrac{b_I^{(0)}}{a_I^{(0)}}$ 求得[25]

$$\hat{G}_I(k,\omega)=c_I(k)\omega^{2\nu_I(k)} \tag{2-54}$$

其中

$$\begin{aligned}&c_I(k)\\&=\mathrm{e}^{-i\pi\nu_I(k)}2^{2\nu_I(k)}\frac{\Gamma[-2\nu_I(k)]\Gamma[1+\nu_I(k)-iqe_d][(m+ik)L_2-iqe_d-\nu_I(k)]}{\Gamma[2\nu_I(k)]\Gamma[1-\nu_I(k)-iqe_d][(m+ik)L_2-iqe_d+\nu_I(k)]}\\&\equiv|c(k)|\mathrm{e}^{i\gamma(k)}\end{aligned} \tag{2-55}$$

式 2-55 仅仅对 $2\nu_I(k)$ 不是整数成立。当 $2\nu_I(k)$ 为整数时，应该加进一个额外的项 $\omega^n\ln\omega$[25]。

#### 2.1.3.2 UV 边界格林函数的解析表达和色散关系

从式 2-52 知，当 $m_k^2L_2^2\geqslant q^2e_d^2$ 时，$\nu_I(k)$ 为实数。本小节将讨论此情况。$\nu_I(k)$ 为虚数时将在下一小节讨论。而从式 2-49 可知，在极限 $\bar{u}\to 0$ 和 $\omega/\bar{u}\to 0$ 下，内部 $\mathrm{AdS}_2$ 区域和外部 $\mathrm{AdS}_4$ 区域有一非零重叠区。在此区域，因子 $a_I$ 和 $b_I$ 可表达如下

$$\begin{aligned}a_I&=[a_I^{(0)}+\omega a_I^{(1)}+O(\omega^2)]+[\tilde{a}_I^{(0)}+\omega\tilde{a}_I^{(1)}+O(\omega^2)]\hat{G}_I(k,\omega)\\b_I&=[b_I^{(0)}+\omega b_I^{(1)}+O(\omega^2)]+[\tilde{b}_I^{(0)}+\omega\tilde{b}_I^{(1)}+O(\omega^2)]\hat{G}_I(k,\omega)\end{aligned} \tag{2-56}$$

$a_I^{(n)}$、$\tilde{a}_I^{(n)}$、$b_I^{(n)}$ 和 $\tilde{b}_I^{(n)}$ 可以通过数值求得。将式 2-56 代入对偶 UV 边

界格林函数 $G_R(\omega,k)=K\dfrac{b_I}{a_I}$ 的表达[1]，可分别得到 $\omega=0$ 和 $\omega$ 较小时的格林函数表达

$$G_I(\omega=0,k)=K\frac{b_I^{(0)}}{a_I^{(0)}} \tag{2-57}$$

$$G_I(\omega,k)=K\frac{b_I^{(0)}+\omega b_I^{(1)}+O(\omega^2)+\left[\tilde{b}_I^{(0)}+\omega\tilde{b}_I^{(1)}+O(\omega^2)\right]\hat{G}_I(k,\omega)}{a_I^{(0)}+\omega a_I^{(1)}+O(\omega^2)+\left[\tilde{a}_I^{(0)}+\omega\tilde{a}_I^{(1)}+O(\omega^2)\right]\hat{G}_I(k,\omega)} \tag{2-58}$$

从上面两个式子发现，当 $a_I^{(0)}=0$ 时，格林函数在 $\omega=0$ 或 $\omega\to 0$ 时发散。因此，下面将分 $a_I^{(0)}=0$ 和 $a_I^{(0)}\neq 0$ 两种情况分别讨论。

首先，讨论 $a_I^{(0)}=0$ 的情况。因为对实的 $\nu_I(k)$ 而言，因子 $a_I^{(n)}$、$b_I^{(n)}$、$\tilde{a}_I^{(n)}$ 以及 $\tilde{b}_I^{(n)}(n=0,1,2,\cdots)$ 全部是实的，仅仅格林函数 $\hat{G}_I(k,\omega)$ 为一个复数[25]。因而格林函数的虚部为

$$ImG_I(\omega=0,k)=0 \tag{2-59}$$

$$ImG_I(\omega,k)\approx G_I(\omega=0,k)d_0Im\hat{G}_I(k,\omega)\propto\omega^{2\nu_I(k)} \tag{2-60}$$

其中

$$d_0=\frac{\tilde{b}_I^{(0)}}{b_0^{(n)}}-\frac{\tilde{a}_I^{(0)}}{a_I^{(0)}} \tag{2-61}$$

因此，在低频的情况下，谱函数有非平庸的标度行为，其标度指数为 IR $\text{CFT}_1$ 的狄拉克算符 $O_I$ 的共形维度。而谱函数的幅度则由 $a_I^{(0)}$、$b_I^{(0)}$、$\tilde{a}_I^{(0)}$ 以及 $\tilde{b}_I^{(0)}$ 决定，因而依赖于外部区域的度规。所以，如果外部区域的度规改变而不影响近视界 $\text{AdS}_2$ 区域，那么谱函数的幅度将发生改变，但标度指数 $\nu_I(k)$ 将保持不变。例如，在荷电的高斯–博内 (Gauss-Bonnet，简称 GB) 黑膜几何的费米系统[65]，尽管 bulk 几何由 GB 参数所控制，但其近视界几何和 RN-AdS 黑膜的近视界几何一样，为 $\text{AdS}_2$，所以其标度指数 $\nu_I(k)$ 将和 RN-AdS 黑膜的一致。

[1] $K$ 为一独立于 $k_\mu$，而仅依赖于作用量的归一化因子的正常数。

现在考虑 $a_I^{(0)}=0$ 的情况。假设 $a_I^{(0)}(\omega=0,k=k_F)=0$ ，那么，当 $k\approx k_F$ 时，有

$$G_I(\omega=0,k)\approx\frac{b_I^{(0)}(k_F)}{\partial_k a_I^{(0)}(k_F)} \tag{2-62}$$

因为 $\nu_I(k)$ 为实数，所以 $a_I^{(0)}$、$b_I^{(0)}$ 全部为实的。因此，在 $k=k_F$ 附近，$ImG_I(\omega=0,k)$ 肯定为 0，但是在 $k=k_F$ 处，格林函数的实部 $ReG_I(\omega=0,k)$ 则有一个极点。现在，在 $k=k_F$ 附近考虑小的 $\omega$，忽略次要的项，有

$$\begin{aligned}G_I(\omega,k)&\approx\frac{b_I^{(0)}(k_F)}{\partial_k a_I^{(0)}(k_F)\tilde{k}+\omega a_I^{(1)}(k_F)+\tilde{a}_I^{(0)}(k_F)\hat{G}_I(k_F,\omega)}\\&=\frac{h_1}{\tilde{k}-\dfrac{1}{v_F}\omega-h_2\mathrm{e}^{i\gamma(k_F)}\omega^{2\nu_I(k_F)}}\end{aligned} \tag{2-63}$$

因子 $v_F$、$h_1$ 和 $h_2$ 可根据因子 $a_I^{(n)}$、$\tilde{a}_I^{(n)}$、$b_I^{(n)}$ 和 $\tilde{b}_I^{(n)}$ 表达，以致这些因子也仅仅依赖于 UV 几何的数据，通常需要用数值的方法得到。从上面格林函数的表达中，可以得到谱函数有如下的色散关系

$$\tilde{\omega}(\tilde{k})\propto\tilde{k}^{\delta},\quad \delta=\begin{cases}\dfrac{1}{2\nu_{k_F}} & \nu_I(k_F)<\dfrac{1}{2}\\[2ex] 1 & \nu_I(k_F)>\dfrac{1}{2}\end{cases} \tag{2-64}$$

#### 2.1.3.3 对数周期振荡行为及稳定性

当

$$k^2<k_0^2\equiv\frac{q^2e_d^2}{L_2^2}-m^2 \tag{2-65}$$

时，$\nu_I(k)$ 为纯虚数。为讨论方便，记 $\nu_I(k)=-i\lambda_I(k)$，$\lambda_I(k)=\sqrt{q^2e_d^2-(m^2+k^2)L_2^2}$。当 $\omega$ 非常小的时候，忽略次要项，将偶格林函数约化为

$$G_I(\omega,k)\approx\frac{b_I^{(0)}+\tilde{b}_I^{(0)}c(k)\omega^{-2i\lambda_I(k)}}{a_I^{(0)}+\tilde{a}_I^{(0)}c(k)\omega^{-2i\lambda_I(k)}} \tag{2-66}$$

非常明显，上面的格林函数具有对数周期行为 ($\ln\omega$)，其周期为 $\tau_k = \pi/\lambda_I(k)$。因此，动量所满足的条件 (式 2-65) 称为振荡区域[25]。

当 $\nu_I(k)$ 为纯虚数时，$AdS_2$ 中的标量场为超光速，所以对于 RN-AdS 黑膜几何背景中的标量场不稳定[25]。但是，对于狄拉克场，对数周期振荡行为并不意味着不稳定。在此，仅给出一简单讨论，细节可参考文献[25]。

首先，从式 2-66 中容易发现，谱函数可表达为

$$\frac{ImG_I(\omega,k)}{ImG_I(\omega=0,k)} = \begin{cases} \dfrac{1-|c(k)|^2}{|1+|c(k)|e^{iX}|^2} & \omega > 0 \\ \dfrac{1-|c(k)|^2 e^{4\pi\lambda_I(k)}}{|1+|c(k)|e^{2\pi\lambda_I(k)}e^{iX}|^2} & \omega < 0 \end{cases} \tag{2-67}$$

其中 $X \equiv \gamma(k) - 2\alpha - 2\lambda_I(k)\ln|\omega|$ 和 $a_I^{(0)} = |a_I^{(0)}|e^{i\alpha}$。其次，在对偶场论中，费米场满足反对易关系。因此，格林函数满足

$$ImG_I(\pm\omega,k) > 0, \quad \omega > 0 \tag{2-68}$$

根据式 2-67 和式 2-68，有

$$|c(k)|^2 < 1, \qquad |c(k)|e^{2\pi\lambda_I(k)} < 1 \tag{2-69}$$

此外，从式 2-66 中发现，当

$$1 + |c(k)|e^{2\lambda_I(k)\theta}e^{iX} = 0, \quad \omega \equiv |\omega|e^{i\theta} \tag{2-70}$$

时，在复 $\omega$ 平面有一系列极值。这些极值形成一直线，其幅角 $\theta_c$ 满足如下关系

$$\omega_n = e^{\frac{\gamma(k)-2\alpha-(2n+1)\pi}{2\lambda_I(k)}} e^{i\theta_c}, \qquad \theta_c = -\frac{1}{2\lambda_I(k)}\ln|c(k)| \tag{2-71}$$

$n \in \mathbb{Z}$。根据式 2-69，可推断 $\theta_c > \pi$。也就是说，极点位于复 $\omega$ 平面中的下半平面。所以对狄拉克场而言，$\nu_I(k)$ 为纯虚数并不意味着不稳定性。而对 $AdS_2$ 中的标量场，极点是位于复 $\omega$ 平面中的上半平面，从而导致不稳定性。

最后，做一简单的小结。在极端的 RN-AdS 黑膜几何中，全息费米系统展现了两个重要的特点：非线性色散关系和离散标度不变。非线性色散关系表明这是一个非费米液体系统。这两个特点都是在低能极限 ($\omega \to 0$) 下展现出来的，对应于引力这一边是属于近视界几何的 $AdS_2$ 区域。因此，衍生的标度行为可以通过 $AdS_2$ 几何来理解。此外，哈佛大学的 Sachdev 指出[66]，RN-AdS 黑洞中的全息费米子系统的物理特征和格点安德森模型中的分数费米液体的物理特征之间有比较紧密的对应，这暗示着一定的平均场无隙激发自旋液体是实现极端 RN 黑洞的近视界几何，$AdS_2$ 的微观物质态。另外一个重要的发现来自荷兰莱顿小组[67]。他们发现，在有限温度和一定的质量范围，费米系统的色散关系展现线性，并且遵守卢京格尔定理。

## 2.2 非相对论性费米定点

### 2.2.1 非相对论性费米定点

非相对论性场论的引力对偶的实现通常构建不同于 AdS 的对偶几何实现，如前面所讨论的 Lifshitz 几何、HV 几何和薛定谔几何[73, 74]。这些几何描述的是动力学指数 $z \neq 1$ 的量子临界点。本节将介绍一个保持 $z = 1$ 的标度对称性但洛伦兹对称性破缺的非相对论性系统[68, 69]。其洛伦兹对称性的破缺是通过边界条件来实现的。

为讨论方便，改写 2.1.1 节中的狄拉克作用量 (式 2-1) 为❶

$$S = i\int \mathrm{d}^4x\sqrt{-g}\,\bar{\zeta}\left[\frac{1}{2}(\overrightarrow{D_a} - \overleftarrow{D_a}) - m\right]\zeta + S_{bd} \tag{2-72}$$

其中，$\overrightarrow{D_a} = \Gamma^a\left[\partial_a + \frac{1}{4}(\omega_{\mu\nu})_a\Gamma^{\mu\nu} - iqA_a\right]$。加进边界项 $S_{bd}$ 的目的是有一个定义完好的变分原理。

2.1.1 节中所研究的全息费米系统是相对论性费米定点的情况，即所考虑的是能保持边界理论上洛伦兹对称性不变的边界项

$$S_{bd} = \pm\frac{i}{2}\int\sqrt{-gg^{rr}}\bar{\zeta}\zeta \tag{2-73}$$

❶ 在此，仅考虑 $AdS_4$ 的情况。

如前面所讨论的，通常有两种量子化，标准量子化和非标准量子化。标准量子化首先可通过变分质壳作用量 (边界项取“+”号)

$$\delta S = i\int \mathrm{d}^3x(\delta\bar{F}_+F_- + \bar{F}_-\delta F_+)$$
$$= -\int \mathrm{d}^3x(\delta\hat{B}_1^+\hat{A}_1 + \delta\hat{B}_2^+\hat{A}_2 + \hat{A}_1^+\delta\hat{B}_1 + \hat{A}_2^+\delta\hat{B}_2) \quad (2\text{-}74)$$

然后对 $F_+$ 加上狄利克雷边界条件，即固定住 $\hat{B}_1$ 和 $\hat{B}_2$ 得到。此时，边界费米算符的维度是 $\Delta_+ = \frac{3}{2} + m$。相反，非标准量子化则取 − 的边界项，然后对 $F_-$ 加上狄利克雷边界条件。其边界费米算符的维度则为 $\Delta_- = \frac{3}{2} - m$。而对于 $m = 0$ 的情况，这两个 CFT 是一样的。

如果边界项取为

$$S_{bd} = \frac{1}{2}\int_{\partial\hat{M}} \mathrm{d}^3x\sqrt{-gg^{rr}}\bar{\zeta}\Gamma^1\Gamma^2\zeta \quad (2\text{-}75)$$

则衍生出非相对论性的费米定点。其边界上维度为 $\Delta = 3 - m$ 复双迹算符。对于 $m = 0$ 的情况，算符是临界 (marginal) 算符，可释放出多个洛伦兹对称性破缺的定点。

类似的，变分质壳作用量，可得

$$\delta S = -\int \mathrm{d}^3x(\delta B_1^+A_1 + B_2^+\delta A_2 + A_1^+\delta B_1 + \delta A_2^+B_2) \quad (2\text{-}76)$$

式中，$(A_1, A_2) \equiv \frac{1}{\sqrt{2}}(\hat{A}_1 + \hat{A}_2, \hat{A}_1 - \hat{A}_2)$；$(B_1, B_2) \equiv \frac{1}{\sqrt{2}}(\hat{B}_1 + \hat{B}_2, \hat{B}_2 - \hat{B}_1)$。因此，如果对 $(B_1 \quad A_2)^T$ 加上狄利克雷边界条件，那么可得

$$\begin{pmatrix} A_1 \\ B_2 \end{pmatrix} = \hat{S}\begin{pmatrix} B_1 \\ A_2 \end{pmatrix} \quad (2\text{-}77)$$

以及延迟格林函数，$G_R = -\hat{S}$。根据文献 [68]、[70]，非相对论性定点格林函数可以通过前面讨论的相对论性费米定点格林函数表达如下

$$G_R = \begin{pmatrix} \dfrac{-2}{G_{11}+G_{22}} & \dfrac{G_{22}-G_{11}}{G_{11}+G_{22}} \\ \dfrac{G_{22}-G_{11}}{G_{11}+G_{22}} & \dfrac{2G_{11}G_{22}}{G_{11}+G_{22}} \end{pmatrix} \quad (2\text{-}78)$$

从上式，容易发现 $\det(G_R)=-1$，并且格林函数 $G_R$ 的本征值和迹可以表达如下

$$\lambda_{\pm}=\frac{G_{11}G_{22}-1\pm\sqrt{1+G_{11}^2+G_{22}^2+G_{11}^2G_{22}^2}}{G_{11}+G_{22}} \tag{2-79}$$

$$Tr(G_R)=\frac{2G_{11}G_{22}-2}{G_{11}+G_{22}} \tag{2-80}$$

对于 $m=0$ 的特殊情况，有 $G_{11}=-\dfrac{1}{G_{22}}$ 和 $\xi_I=G_{II}$。所以，有

$$\lambda_{\pm}=\frac{\xi_I\mp 1}{1\pm\xi_I} \tag{2-81}$$

$$Tr(G_R)=\frac{2\xi_1\xi_2-2}{\xi_1+\xi_2}=\frac{4\xi_I}{1-\xi_I^2} \tag{2-82}$$

有了边界上格林函数的表达后，可以数值解演化方程，读出非相对论性费米定点的格林函数。

### 2.2.2 全息平带

在 RN-AdS 黑膜几何背景下解式 2-27，根据式 2-81 读出非相对论行费米定点的格林函数，可观察到一个全息平带的衍生[68]。平带在小动量处轻度弥散。而在高动量区，平带没有弥散。通过数值分析，可以定出平带出现在 $\omega\approx-6.928$ 处，即近似在有效化学势 $|\mu_q|$。这是因为频率是通过有效化学势来测度的。除了衍生出一个全息平带外，一个尖锐的准粒子峰也出现。但是相比相对论性定点的情况，由于全息平带的出现，费米动量被压低。在凝聚态物理中，平带是不弥散的色散关系。激发态的动能被压低，导致哈密顿量获得一大的局域化简并的单粒子本征态。平带最简单的例子为朗道能级。但是，利用全息的方法，不需要磁场，亦可以产生一平带。这是非常神奇的发现。

非相对论行费米定点的研究亦可扩展到零基态熵黑膜几何中[71, 72]。可以发现在非相对论性费米定点的情况下，全息平带的衍生是普适的(图 2-1，$m=0$，$q=4$，$\mu_q\approx-3.37$)。

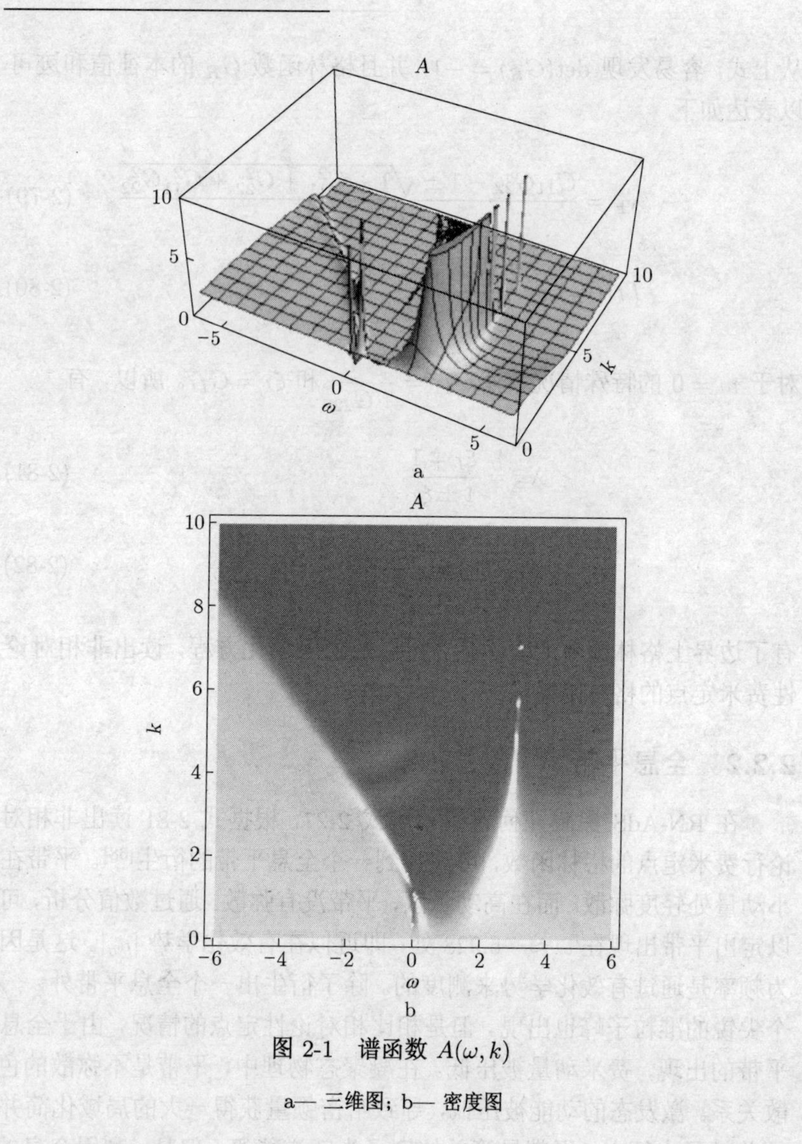


图 2-1 谱函数 $A(\omega, k)$

a— 三维图；b— 密度图

## 2.2.3 低能行为

如上一小节所讨论的那样，由于平带的出现，费米动量被压低。本节将讨论非相对论性费米面的结构及色散关系，并给出解析的理解。

#### 2.2.3.1 费米面结构及色散关系

$q=1$ 时，和相对论性的情况不一样，由于洛伦兹破缺边界项的出现，费米面消失。而当 $q=4$ 时，除了平带的衍生外，费米面再一次产生 (图 2-2，对角线为 $k=\frac{\sqrt{2}}{2}q$，此线左边区域为振荡区域)。表 2-1 分别列出了相对论性费米定点和非相对论性费米定点费米动量 $k_F$ 随电荷 $q$ 的变化情况。容易发现，无论是相对论性费米定点还是非相对论性费米定点，随着电荷 $q$ 的增加，费米动量 $k_F$ 随着 $q$ 近似地线性增加。但是，对于一样的 $q$，非相对论性费米系统的 $k_F$ 比相对论性费米系统的小。进一步确认了费米动量 $k_F$ 被平板的出现所压低❶。

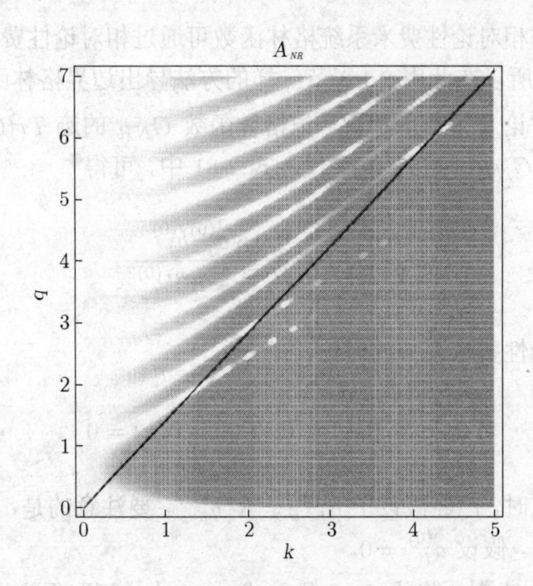


图 2-2 谱函数 $A_{NR}(k,q)$ 的密度图

**表 2-1 不同电荷 $q$ 的费米动量 $k_F$**

| $q$ | 1.6 | 2 | 2.4 | 3 | 3.4 |
|---|---|---|---|---|---|
| $k_F$ (R) | 1.70422 | 2.27692 | 2.87161 | 3.78970 | 4.41351 |
| $k_F$ (NR) | 1.15220 | 1.54005 | 1.97424 | 2.69484 | 3.20795 |

❶ 在此所讨论的为基本费米面。从图 2-2 可观察到，随着电荷 $q$ 变大，多个费米面出现，而图 2-2 中最低的线称为基本费米面。

色散关系亦可像在相对论性费米系统一样，可通过数值方法确定出色散关系的行为如下[75]

$$\tilde{\omega}(\tilde{k}) \propto \tilde{k}^{\delta} \tag{2-83}$$

对于不同的 $q$，标度指数 $\delta$ 不一样 ($\delta = 1.91460(q=2)$，$\delta = 1.49618(q=2.2)$，$\delta = 1.23640(q=2.4)$ 和 $\delta = 1.03696(q=2.8)$)。随着电荷 $q$ 的增加，标度指数迅速减小并接近 1。这一特点和相对论性费米系统类似。

#### 2.2.3.2 解析分析

由于非相对论性费米系统格林函数可通过相对论性费米系统格林函数表达，所以在此用 2.1.3 节一样的方法导出边界格林函数。

首先讨论 $\omega = 0$ 的情况。记格林函数 $G_{NR}$ 的迹 $Tr(G_{NR})$ 为 $\boldsymbol{T}$，即 $\boldsymbol{T} = Tr(G_{NR})$。将式 2-57 代入式 2-81 中，可得❶

$$\boldsymbol{T}(\omega=0,k) = \frac{4Ka_I^{(0)}b_I^{(0)}}{a_I^{(0)2} - K^2 b_I^{(0)2}} \tag{2-84}$$

类似相对论性费米系统的讨论，有

$$A_{NR}(\omega=0,k) = Im\boldsymbol{T}(\omega=0,k) = 0 \tag{2-85}$$

在导出上式时，已经假设了 $a_I^{(0)2} \neq K^2 b_I^{(0)2}$。要注意的是，在相对论性费米系统中，假设 $a_I^{(0)} \neq 0$。

当 $\omega \neq 0$ 时，将式 2-58 代入式 2-81 中，可取得小 $\omega$ 处谱函数 $A_{NR}(\omega,k)$ 的表达为

$$\begin{aligned} A_{NR}(\omega,k) &= Im\boldsymbol{T}(\omega,k) \\ &\approx Im\left[\frac{4K(b_I^{(0)}+\tilde{b}_I^{(0)}\hat{G}_I)(a_I^{(0)}+\tilde{a}_I^{(0)}\hat{G}_I)^{-1}}{1-K^2(b_I^{(0)}+\tilde{b}_I^{(0)}\hat{G}_I)^2(a_I^{(0)}+\tilde{a}_I^{(0)}\hat{G}_I)^{-2}}\right] \end{aligned}$$

❶ 本节仅仅考虑 $m=0$ 和 $\nu_I(k)$ 为实数的情况。

$$\approx Im\left[\frac{4Ka_I^{(0)}b_I^{(0)}}{a_I^{(0)2}-K^2b_I^{(0)2}}\left(1+\frac{\tilde{a}_I^{(0)}b_I^{(0)}+a_I^{(0)}\tilde{b}_I^{(0)}}{a_I^{(0)}b_I^{(0)}}\hat{G}_I\right)\right.$$
$$\left.\left(1-2\frac{a_I^{(0)}\tilde{a}_I^{(0)}-b_I^{(0)}\tilde{b}_I^{(0)}}{a_I^{(0)2}-K^2b_I^{(0)2}}\hat{G}_I\right)\right]$$
$$\approx \boldsymbol{T}(\omega=0,k)\left(\frac{\tilde{a}_I^{(0)}b_I^{(0)}+a_I^{(0)}\tilde{b}_I^{(0)}}{a_I^{(0)}b_I^{(0)}}-2\frac{a_I^{(0)}\tilde{a}_I^{(0)}-b_I^{(0)}\tilde{b}_I^{(0)}}{a_I^{(0)2}-K^2b_I^{(0)2}}\right)Im\hat{G}_I(\omega,k)$$
$$=\hat{d}_0c(k)\omega^{2\nu_I(k)} \tag{2-86}$$

在最后一个等号，已经设

$$\hat{d}_0=\boldsymbol{T}(\omega=0,k)\left(\frac{\tilde{a}_I^{(0)}b_I^{(0)}+a_I^{(0)}\tilde{b}_I^{(0)}}{a_I^{(0)}b_I^{(0)}}-2\frac{a_I^{(0)}\tilde{a}_I^{(0)}-b_I^{(0)}\tilde{b}_I^{(0)}}{a_I^{(0)2}-K^2b_I^{(0)2}}\right) \tag{2-87}$$

同样，也假设 $a_I^{(0)2}\neq K^2b_I^{(0)2}$。此外，在上面的计算中，已经忽略了 $\omega$ 的高阶项。

到此，已经发现非相对论性费米定点的谱函数 $A_{NR}$ 在 $\omega=0$ 处为零，此特点和相对论性费米系统一样。特别，对于小 $\omega$，谱函数 $A_{NR}(\omega,k)$ 的标度指数和相对论性定点的标度指数相同，仅仅依赖于 $AdS_2$ 的近视界几何。但是，由于所加的边界项不同，谱函数 $A_{NR}$ 前面的因子 (式 2-87) 不一样。

现在，讨论 $a_I^{(0)2}=K^2b_I^{(0)2}$ 的情况。假设在 $k=k_F$ 处，$a_I^{(0)2}=K^2b_I^{(0)2}$。从式 2-84，可得

$$\boldsymbol{T}(\omega=0,k)=\frac{4Ka_I^{(0)}(k_F)b_I^{(0)}(k_F)}{\partial_k\left(a_I^{(0)2}-K^2b_I^{(0)2}\right)(k_F)}\cdot\frac{1}{\bar{k}} \tag{2-88}$$

因为 $a_I^{(0)}$ 和 $b_I^{(0)}$ 为实，所以在 $k_F$ 附近，$Im\boldsymbol{T}(\omega=0,k)$ 为零。但实部 $Re\boldsymbol{T}(\omega=0,k)$ 在 $k=k_F$ 处有一极值。这一点和相对论性费米定点的情况类似。

现在近费米动量 $k_F$ 处打开小的 $\omega$，忽略次要项，可计算迹 $\boldsymbol{T}(\omega,k)$ 如下

$$
\begin{aligned}
&\boldsymbol{T}(\omega,k)\\
&\approx \frac{4K\left[a_I^{(0)}+\omega a_I^{(1)}+\tilde{a}_I^{(0)}\hat{G}_I(\omega,k)\right]\left[b_I^{(0)}+\omega b_I^{(1)}+\tilde{b}_I^{(0)}\hat{G}_I(\omega,k)\right]}{\left[a_I^{(0)}+\omega a_I^{(1)}+\tilde{a}_I^{(0)}\hat{G}_I(\omega,k)\right]^2-K^2\left[b_I^{(0)}+\omega b_I^{(1)}+\tilde{b}_I^{(0)}\hat{G}_I(\omega,k)\right]^2}\\
&\approx \frac{4Ka_I^{(0)}(k_F)b_I^{(0)}(k_F)}{\partial_k\left(a_I^{(0)2}-K^2b_I^{(0)2}\right)(k_F)\tilde{k}+2\hat{a}_I(k_F)\omega+2\hat{b}_I(k_F)\hat{G}_I(\omega,k_F)}\\
&=\frac{h_1}{\tilde{k}-\frac{1}{v_F}\omega-h_2\mathrm{e}^{i\gamma(k_F)}\omega^{2\nu(k_F)}}
\end{aligned}
\tag{2-89}
$$

在第三行，为简化表达，已导入 $\hat{a}_I=a_I^{(0)}a_I^{(1)}-K^2b_I^{(0)}b_I^{(1)}$ 和 $\hat{b}_I=a_I^{(0)}\tilde{a}_I^{(0)}-K^2b_I^{(0)}\tilde{b}_I^{(0)}$。此外，在第四行，定义了

$$
\begin{aligned}
v_F &\equiv -\frac{\partial_k\left(a_I^{(0)2}-K^2b_I^{(0)2}\right)(k_F)}{2\hat{a}_I(k_F)}\\
h_1 &\equiv \frac{4Ka_I^{(0)}(k_F)b_I^{(0)}(k_F)}{\partial_k\left(a_I^{(0)2}-K^2b_I^{(0)2}\right)(k_F)}\\
h_2 &\equiv -\frac{2|c(k_F)|\hat{b}_I(k_F)}{\partial_k\left(a_I^{(0)2}-K^2b_I^{(0)2}\right)(k_F)}
\end{aligned}
\tag{2-90}
$$

从式 2-89 中的第四行，注意到迹 $\boldsymbol{T}(\omega,k)$ 和相对论性费米定点的格林函数 $G_R$ 有一样的形式，但因子 $v_F$、$h_1$ 和 $h_2$ 不同于相对论性费米定点的情况[25]。通常因子 $v_F$、$h_1$ 和 $h_2$ 可通过数值得到。类似于 2.1.3 节的讨论，可导出谱函数 $A_{NR}(\omega,k)$ 的色散关系为

$$
\tilde{\omega}(\tilde{k})\propto\tilde{k}^{\delta},\quad \delta=\begin{cases}\dfrac{1}{2\nu_I(k_F)} & \nu_I(k_F)<\dfrac{1}{2}\\[2mm] 1 & \nu_I(k_F)>\dfrac{1}{2}\end{cases}
\tag{2-91}
$$

因此，一旦通过数值计算定出费米动量 $k_F$，标度指数 $\delta$ 可根据上述的公式得到。表 2-2 给出了数值得到的标度指数 $\delta$ 和由解析方法得到 $\delta$。数值结果和解析结果符合的相当好。

表 2-2　不同电荷 $q$ 的标度指数 $\delta$

| $q$ | 2 | 2.2 | 2.4 | 2.8 |
|---|---|---|---|---|
| $\delta$ (数值结果) | 1.91460 | 1.49618 | 1.2364 | 1.03696 |
| $\delta$ (解析结果) | 2.00780 | 1.52150 | 1.21408 | 1 |

最后，对本小节做一小结：

(1) 对于一般的 $k$ 和小 $\omega$，谱函数 $A_{NR}(\omega, k)$ 和相对论性费米定点的情况一样，有相同的标度指数。这个标度指数依赖于 $\mathrm{AdS}_2$ 近视界几何。

(2) 当 $k \approx k_F$ 和小的 $\omega$ 时，迹 $\boldsymbol{T}(\omega, k)$ 和相对论性费米定点的格林函数有一样的形式。但此两定点的因子 $v_F$、$h_1$ 和 $h_2$ 不同。

(3) 特别的，对于相同的电荷 $q$，此两定点的费米动量亦不同。对于非相对论性的情况，费米动量 $k_F$ 出现在 $a_I^{(0)2} = K^2 b_I^{(0)2}$，而在相对论性的情况，则在 $a_I^{(0)} = 0$。

# 3 全息超导

## 3.1 全息超导：bottom-up 构建

### 3.1.1 规范对称性破缺和新的不稳定性

考虑如下的 $AdS_4$ 时空中的拉氏密度

$$\mathcal{L} = R - \frac{6}{L^2} - \frac{1}{4}F^{\mu\nu}F_{\mu\nu} \tag{3-1}$$

上式给出 RN 黑洞解，其具有整体 $U(1)$ 对称性。通过协变导数耦合带电荷的复标量场和 $U(1)$ 规范场，可以破坏 $U(1)$ 对称性。其作用量如下

$$\mathcal{L}_\Psi = -\left(|D_\mu \Psi|^2 + m^2|\Psi|^2\right) \tag{3-2}$$

其中 $D_\mu = \nabla_\mu - iqA_\mu$。在此，取度规的形式为式 1-33，而规范场和标量场设为

$$A_\mu \mathrm{d}x^\mu = \Phi(u)\mathrm{d}t, \qquad \Psi = \Psi(u) \tag{3-3}$$

那么式 3-2 变为

$$\mathcal{L}_\Psi = -[g^{uu}(\partial_u \Psi)^2 + m_{eff}^2|\Psi|^2] \tag{3-4}$$

其中

$$m_{eff}^2 = m^2 - q^2 g^{tt}\Phi^2 \tag{3-5}$$

为标量场 $\Psi$ 的有效质量。从上式可看到，由于协变导数耦合带电荷的复标量场和 $U(1)$ 规范场，从而诱导出一有效的负质量 $m_\Psi^2 = -q^2 g^{tt}\Phi^2$。电荷 $q$ 固定，随着温度的降低，此项变得重要，最终驱动标

量场为超光速，从而发生一相变，相变温度记为 $T_c$。此机制并不适用于中性标量场。下面做一简单的解释[77]。

首先，尽管在 $q=0$ 时，$T_c$ 不为零，但是 $T_c$ 是非常小的。因此，可考虑这些不稳定的黑洞为极端黑洞。如第 1 章所讨论的那样，可通过 BF 边界 $m_{\mathrm{BF}}^2=-\dfrac{d^2}{4L^2}$ 来判断 AdS 时空中标量场的稳定性。以标量场质量 $m^2=-2/L^2$ 为例来讨论。对 $\mathrm{AdS}_4$ 而言，BF 边界 $m_{\mathrm{AdS}_4}^2=-\dfrac{9}{4L^2}$。此时，$m^2>m_{\mathrm{AdS}_4}^2$。但是，如第 1 章所讨论的那样，极端 RN-AdS 黑膜近视界几何为 $\mathrm{AdS}_2\times\mathbb{R}^2$。对 $\mathrm{AdS}_2$ 而言，$d=1$，$L_2^2=\dfrac{L}{\sqrt{6}}$，其 BF 边界为 $m_{\mathrm{AdS}_2}^2=-\dfrac{3}{2L^2}$，所以，尽管 $m^2$ 大于 $\mathrm{AdS}_4$BF 边界，但是小于 $\mathrm{AdS}_2$BF 边界。所以当温度非常低的时候，RN-AdS 黑膜耦合质量为 $m^2=-2/L^2$ 的中性标量场系统不稳定。其证明可参考文献 [77] 的附录 A。这个不稳定性产生了数值所观察到的带毛黑洞。

而在本章所讨论的机制中，至少有两点是不一样的。当电荷 $q$ 非常大时，规范协变导数使得负的有效质量的绝对值变得更大。而当电荷非常小的时候，近极端黑洞产生一个喉，在此，即使中性标量场亦可能变得不稳定。

### 3.1.2 全息超导

基于上一节所讨论的思想，Hartnoll、Herzog 和 Horowitz 建立了第一个全息超导体模型[78]。简单而清晰的综述可参考文献 [79]。本小节将对全息超导模型做一简单介绍。全息超导模型的作用量基于上一节的作用量式 3-1 和式 3-2。考虑到探测极限，即标量场和电磁场都不反作用于引力，因此可考虑如下的度规拟设

$$\mathrm{d}s^2=-f(r)\mathrm{d}t^2+\frac{\mathrm{d}r^2}{f(r)}+r^2(\mathrm{d}x^2+\mathrm{d}y^2) \tag{3-6}$$

其中，$f(r)=\dfrac{r^2}{L^2}\left(1-\dfrac{r_0^3}{r^3}\right)$。上述度规所描述的黑洞为施瓦西黑洞。其霍金温度为

$$T=\frac{3r_0}{4\pi L^2} \tag{3-7}$$

此外，采用平面对称的拟设

$$A = \Phi(r)\mathrm{d}t, \qquad \Psi = \Psi(r) \tag{3-8}$$

从麦克斯韦方程的 $r$ 分量可推断出复标量场的相角必须为常数。因此，不失一般性，可设标量场 $\Psi$ 为实标量场。根据上面的拟设式 3-6 和式 3-45，可导出标量场方程和麦克斯韦方程分别为

$$\Psi'' + \left(\frac{f'}{f} + \frac{2}{r}\right)\Psi' + \frac{\Phi^2}{f^2}\Psi - \frac{m^2\Psi}{f} = 0 \tag{3-9}$$

$$\Phi'' + \frac{2}{r}\Phi' - \frac{2\Psi^2\Phi}{f} = 0 \tag{3-10}$$

式 3-9 中的 $\dfrac{\Phi^2}{f^2}\Psi$ 项是最关键的项，正是这项引起在低温时标量毛的形成。这项也正是上一节所讨论的由于协变导数耦合带电荷的复标量场和 $U(1)$ 规范场，从而诱导出标量场的负的有效质量 $m_\Psi^2 = -q^2g^{tt}\Phi^2$。

要解式 3-9 和式 3-10，必须先确定边界条件。首先，在视界处，要求 $\Phi = 0$。这是因为，在视界外，$g^{tt}$ 为正，而接近视界处，$g^{tt} \to +\infty$。因此，若要保持 $g^{tt}\Phi^2$ 项有限，$\Phi$ 必须为零。其次，为了保持解在视界处光滑，从式 3-9 中，可导出在视界 $r = r_0$ 处，$f'\Psi' = m^2\Psi$。因此，$\Psi(r_0)$ 和 $\Psi'(r_0)$ 不是独立的。因此，在视界处仅仅给出了两个边界条件。另外的边界条件需要在共形边界 $r \to \infty$ 处找。在渐近无穷远，$\Psi$ 和 $\Phi$ 的行为如下

$$\Psi = \frac{\Psi^{(1)}}{r} + \frac{\Psi^{(2)}}{r^2} \tag{3-11}$$

$$\Phi = \mu - \frac{\rho}{r} \tag{3-12}$$

通常，正规化要求主要阶项的因子为零。但是，正如在第 1 章所讨论的，当标量场处于 $-\dfrac{d^2}{4} < m^2 < -\dfrac{d^2}{4} + 1$ 时，有两种量子化方案，可设 $\Psi^{(1)} = 0$ 或 $\Psi^{(2)} = 0$。而在此所选的标量场质量 $m^2 = -2$ 正是处于此区间。如果考虑标准量子化方案，则选取 $\Psi^{(1)} = 0$。根据规范引力对偶词典，可得到对偶场论算符的期待值为 $\langle O_2\rangle = \Psi^{(2)}$。而量子化方案为非标准量子化时，则应设 $\Psi^{(2)} = 0$，对应的场论算符为 $\langle O_1\rangle = \Psi^{(1)}$。

当共形边界上加上上述的渐近边界条件后，可通过打靶法解式 3-9 和式 3-10。但是，必须注意的是，即使加上上述边界条件后，$\Psi$ 的解仍然不能完全确定。可以发现，满足上述边界条件的解有无数个，但在此应该选择没有节点的解，对应的物理是自由能最低的解。根据得到的解，可读出边界上的期待值 (图 3-1，此图取自文献 [78])。在此简单的模型中，确实发现了超导体的一些基本特征，例如存在着临界温度，低于这个临界温度，二阶相变出现 (图 3-1)。图 3-1a 和 BCS 理论以及很多材料中给出的凝聚图是相似的，在温度接近零温时，序参量 $\langle O \rangle$ 趋近于常数。

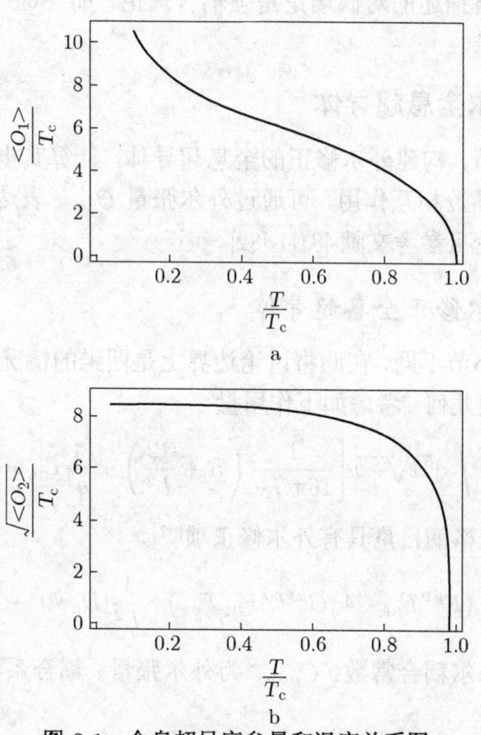


图 3-1 全息超导序参量和温度关系图

a — $\langle O_1 \rangle$; b — $\langle O_2 \rangle$

此外，可通过解 bulk 中矢量势 $A_x$ 的扰动方程来得到电导率。关于如何计算全息超导模型的电导率，将在下一小节外尔全息超导模型中做详细介绍。在此，仅仅总结此全息超导模型电导率的两个主要特点：

(1) 在 $\omega=0$ 处，电导率虚部有一个极值。根据 Kramers-Kronig 关系，可推断出电导率实部在 $\omega=0$ 处有一个 delta 函数。这表明确实存在这种超导行为。

(2) 在频率 $\omega$ 小于一定的值 $\omega_g$ 的时候，电导率的实部为 0。也就是说存在着一个能隙，这和 BCS 理论给出的电导率的情况是相似的。对全息超导模型而言，这个值为 $\dfrac{\omega_g}{T_{\mathrm{c}}}\approx 8$，这个比率和高温超导材料的值相近[80]。而在 BCS 理论中，这个值约是 3.5。这似乎是合理的。规范引力对偶所描述的对偶场论是强耦合理论，而 BCS 理论所描述的是弱耦合理论。

### 3.1.3 外尔全息超导体

在本小节，构建外尔修正的全息超导体，计算其电导率。外尔修正是四阶的导数相互作用，可通过外尔张量 $C_{abcd}$ 表达。关于外尔修正的详细讨论可参考文献 [81]、[82]。

#### 3.1.3.1 外尔修正全息超导体

和上一小节不同，在此将讨论边界上是四维的情况，即 bulk 时空为 $\mathrm{AdS}_5$ 黑膜几何。考虑如下作用量

$$S=\int \mathrm{d}^5x\sqrt{-g}\left[\frac{1}{16\pi G_N}\left(R+\frac{12}{L^2}\right)+\frac{1}{q^2}\mathcal{L}_{mW}\right] \tag{3-13}$$

其中，物质拉格朗日量具有外尔修正项[81]，

$$\mathcal{L}_{mW}=-\left[\frac{1}{4}\left(F^{\mu\nu}F_{\mu\nu}-4\gamma C^{\mu\nu\rho\sigma}F_{\mu\nu}F_{\rho\sigma}\right)+\frac{1}{L^2}|D_\mu\Psi|^2+\frac{m^2}{L^4}|\Psi|^2\right] \tag{3-14}$$

式中，$\gamma$ 为外尔耦合常数；$C_{\mu\nu\rho\sigma}$ 为外尔张量。耦合系数 $\gamma$ 有一个约束[81]

$$-\frac{L^2}{16}<\gamma<\frac{L^2}{24} \tag{3-15}$$

上边界是因为当 $\gamma=\dfrac{L^2}{24}$ 时，存在着奇点，而下边界来自因果性约束。

考虑到探测极限，物质场不反作用于引力场。在此极限下，度规为施瓦西 -AdS 黑膜

$$ds_5^2 = \frac{r^2}{L^2}[-f(r)\mathrm{d}t^2 + \mathrm{d}x_i\mathrm{d}x^i] + \frac{L^2}{r^2 f(r)}\mathrm{d}r^2 \tag{3-16}$$

其中

$$f(r) = 1 - \left(\frac{r_0}{r}\right)^4 \tag{3-17}$$

黑洞的霍金温度为

$$T = \frac{r_0}{\pi L^2} \tag{3-18}$$

应用变分原理，可导出运动方程如下

$$\begin{gathered} D_\mu D^\mu \Psi - m^2 \Psi = 0 \\ \nabla_\mu (F^{\mu\nu} - 4\gamma C^{\mu\nu\rho\sigma} F_{\rho\sigma}) = i(\Psi^* D^\nu \Psi - \Psi D^{\nu *} \Psi^*) \end{gathered} \tag{3-19}$$

可以看出，外尔修正项仅修改了麦克斯韦方程。非零外尔张量 $C_{\mu\nu\rho\sigma}$ 可计算如下

$$\begin{gathered} C_{0i0j} = \frac{f(r) r_H^4}{L^6}\delta_{ij}, \quad C_{0r0r} = -\frac{3 r_H^4}{L^2 r^4} \\ C_{irjr} = -\frac{r_H^4}{L^2 r^4 f(r)}\delta_{ij}, \quad C_{ijkl} = \frac{r_H^4}{L^6}\delta_{ik}\delta_{jl} \end{gathered} \tag{3-20}$$

设 $q = 1$, $L = 1$。同时考虑到平面对称的拟设 (式 3-45)，则运动方程可具体化为

$$\begin{gathered} \Psi'' + \left(\frac{f'}{f} + \frac{5}{r}\right)\Psi' + \frac{\Phi^2 \Psi}{r^4 f^2} - \frac{m^2 \Psi}{r^2 f} = 0 \\ \left(1 - \frac{24\gamma r_H^4}{r^4}\right)\Phi'' + \left(\frac{3}{r} + \frac{24\gamma r_H^4}{r^5}\right)\Phi' - \frac{2\Phi\Psi^2}{r^2 f} = 0 \end{gathered} \tag{3-21}$$

“ ′ ” 表示对 $r$ 求导。因为 $r$ 从 1 到 $\infty$，所以可做坐标变换 $z = r_0/r$，以致数值计算区间为 $z \in (0,1)$。其中，$z = 1$ 为视界，而 $z = 0$ 为共形边界。这样，在数值处理上更方便。在此坐标变化下，运动方程可重写为

$$\Psi'' - \frac{3+z^4}{z(1-z^4)}\Psi' + \frac{1}{r_H^2(1-z^4)^2}\Phi^2\Psi - \frac{m^2}{z^2(1-z^4)}\Psi = 0$$

$$(1-24\gamma z^4)\Phi'' - \left(\frac{1}{z} + 72\gamma z^3\right)\Phi' - \frac{2}{z^2(1-z^4)}\Psi^2\Phi = 0 \quad (3\text{-}22)$$

此时，“ ′ ”则表示关于 $z$ 求导。选标量场的质量为 $m^2=-3$，这样在共形边界 $z=0$ 处，$\Psi$ 和 $\Phi$ 的渐近行为如下

$$\Psi = \Psi_- z + \Psi_+ z^3 \quad (3\text{-}23)$$

$$\Phi = \mu - \rho z^2 \quad (3\text{-}24)$$

式中，$\mu$ 和 $\rho$ 分别为对偶场论的化学势和荷密度。而在视界 $z=1$ 处，正规性条件给出

$$\Psi'(1) = \frac{2}{3}\Psi(1), \qquad \Phi(1) = 0 \quad (3\text{-}25)$$

结合视界处的边界条件 (式 3-25) 和 $z=0$ 处，$\Psi$ 和 $\Phi$ 的展开式 (式 3-23 和式 3-24)，用打靶法解式 3-22。可以得到凝聚 $\langle O_+\rangle$ 和温度的关系 (图 3-2)。从图 3-2 中可发现，当趋近于零温时，凝聚 $\langle O_+\rangle$ 趋近于常数，这和一般全息超导体的情况是相似的[84]。此外，临界温度随着外尔参数 $\gamma$ 的增加而增加 (图 3-2)。这意味着，在此模型中，外尔参数 $\gamma$ 越小，临界温度越小，标量毛的形成也更困难。表 3-1 列举了不同的外尔耦合参数对应的临界温度 $T_c$。

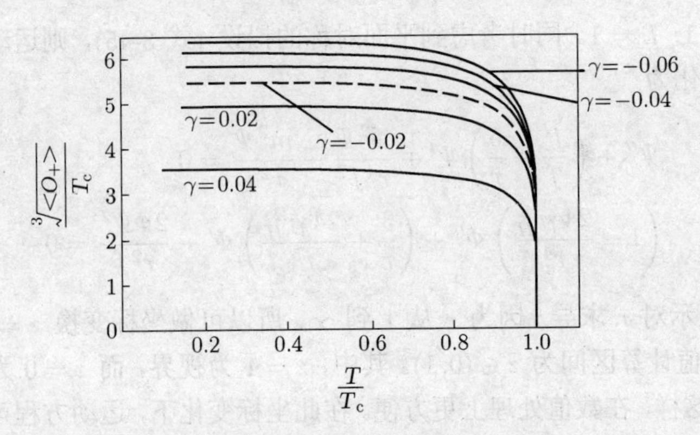


图 3-2 序参量 $\langle O_+\rangle$ 和温度关系图

表 3-1 不同的外尔耦合参数对应的临界温度 $T_c$

| $\gamma$ | $-0.06$ | $-0.04$ | $-0.02$ | $0$ | $0.02$ | $0.04$ |
|---|---|---|---|---|---|---|
| $T_c$ | $0.170\rho^{1/3}$ | $0.177\rho^{1/3}$ | $0.185\rho^{1/3}$ | $0.198\rho^{1/3}$ | $0.219\rho^{1/3}$ | $0.304\rho^{1/3}$ |

#### 3.1.3.2 电导率

系统的输运特性可通过扰动规范场 $A$ 来求得。为简单起见，在此仅考虑零动量 $(k=0)$ 的情况。做如下的扰动展开 $A_\mu = A_\mu^{(0)} + \delta A_\mu$。选取径向规范，可设 $\delta A_r = 0$。此外，由于考虑的是切变效应，故可关闭 $t$ 方向的扰动，即设 $\delta A_t = 0$。同时，由于 $x-y$ 平面的对称性，不失一般性，可仅考虑 $x$ 方向的扰动，即 $\delta A_x$。现设扰动为仅依赖于径向 $r$，并且时间的依赖关系为 $\delta A_x(t,r) = A_x(r)\mathrm{e}^{-i\omega t}\mathrm{d}x$。应用外尔修正的麦克斯韦方程，可得到如下的关于 $\delta A_x(t,r)$ 的扰动方程

$$\left(1+\frac{8\gamma r_H^4}{r^4}\right)A_x'' + \left[\left(\frac{f'}{f}+\frac{3}{r}\right)+\frac{8\gamma r_H^4}{r^4}\left(\frac{f'}{f}-\frac{1}{r}\right)\right]A_x' +$$

$$\left(1+\frac{8\gamma r_H^4}{r^4}\right)\frac{\omega^2}{r^4 f^2}A_x - \frac{2A_x\Psi^2}{r^2 f} = 0 \tag{3-26}$$

要解此运动方程，需在视界处加上入射波的边界条件

$$A_x(r) \propto \left[r^2 f(r)\right]^{-i\frac{\omega}{4r_H}} \tag{3-27}$$

而在共形边界处 $(r\to\infty)$，$\delta A_x(r)$ 的展开形式如下

$$A_x(r) = A^{(0)} + \frac{A^{(2)}}{r^2} + \frac{A^{(0)}\omega^2}{2}\cdot\frac{\log \Lambda r}{r^2} + \cdots \tag{3-28}$$

式中，$A^{(0)}$、$A^{(2)}$ 和 $\Lambda$ 为积分常数。根据线性响应理论，电导率 $\sigma$ 和两点关联函数的关系为

$$\sigma(\omega) = \frac{1}{i\omega}G_R(\omega, k=0) \tag{3-29}$$

因此，为了得到电导率，可通过标准的 AdS/CFT 技术导出延迟格林函数 $G_R$。首先考虑规范场的贡献

$$
\begin{aligned}
S=&\int \mathrm{d}^5x\sqrt{-g}\left[-\frac{1}{4}(F_{\mu\nu}F^{\mu\nu}-4\gamma C^{\mu\nu\rho\sigma}F_{\mu\nu}F_{\rho\sigma})\right]\\
=&\int \mathrm{d}^5x\sqrt{-g}\Big[\frac{1}{4}\nabla_\mu F^{\mu\nu}A_\nu-\frac{1}{4}\nabla_\mu(F^{\mu\nu}A_\nu)-\frac{1}{4}\nabla_\nu F^{\mu\nu}A_\mu+\\
&\frac{1}{4}\nabla_\nu(F^{\mu\nu}A_\mu)+\gamma\nabla_\mu(C^{\mu\nu\rho\sigma}A_\nu F_{\rho\sigma})-\gamma\nabla_\mu(C^{\mu\nu\rho\sigma}F_{\rho\sigma})A_\nu-\\
&\gamma\nabla_\nu(C^{\mu\nu\rho\sigma}A_\mu F_{\rho\sigma})+\gamma\nabla_\nu(C^{\mu\nu\rho\sigma}F_{\rho\sigma})A_\mu\Big]\\
=&-\int \mathrm{d}^5x\sqrt{-g}\left[\frac{1}{2}\nabla_\mu(F^{\mu\nu}A_\nu)-2\gamma\nabla_\mu(C^{\mu\nu\rho\sigma}F_{\rho\sigma}A_\nu)\right]+\\
&\int \mathrm{d}^5x\sqrt{-g}\left[\frac{1}{2}\nabla_\mu(F^{\mu\nu})A_\nu-2\gamma\nabla_\mu(C^{\mu\nu\rho\sigma}F_{\rho\sigma})A_\nu\right]\\
=&-\int \mathrm{d}^5x\sqrt{-g}\left[\frac{1}{2}\nabla_\mu(F^{\mu\nu}A_\nu)-2\gamma\nabla_\mu(C^{\mu\nu\rho\sigma}F_{\rho\sigma}A_\nu)\right]\\
=&-\int_{\partial M}\mathrm{d}^4x\sqrt{-h}\left(\frac{1}{2}F^{\mu\nu}n_\mu A_\nu-2\gamma C^{\mu\nu\rho\sigma}F_{\rho\sigma}n_\mu A_\nu\right)
\end{aligned}
\tag{3-30}
$$

从上面的计算可发现，带有外尔修正的规范场的质壳作用量约化为表面项。进一步，上面的作用量可以明显地表达为

$$
\begin{aligned}
S=&-\frac{1}{2}\int_{\partial M}\mathrm{d}^4x\sqrt{-h}g^{rr}g^{xx}\left(1-8\gamma g^{rr}g^{xx}C_{rxrx}\right)n_rA_x\partial_rA_x\\
=&-\frac{1}{2}\int_{\partial M}\mathrm{d}^4xr^3f(r)\left(1+\frac{8\gamma}{r^4}\right)A_x\partial_rA_x
\end{aligned}
\tag{3-31}
$$

当 $r\to\infty$ 时可发现，外尔项可忽略，上面的作用量约化为没有外尔修正的规范场的作用量

$$
S=-\frac{1}{2}\int_{\partial M}\mathrm{d}^4xr^3f(r)A_x\partial_rA_x\,|_{r\to\infty}
\tag{3-32}
$$

变换到动量空间，和标准的 AdS/CFT 结果比较

$$
S=\frac{1}{2}\int_{\partial M}\frac{\mathrm{d}^4\boldsymbol{k}}{(2\pi)^4}A_x(-\boldsymbol{k})G^R(\boldsymbol{k})A_x(\boldsymbol{k})\,|_{r\to\infty}
\tag{3-33}
$$

可推断出延迟格林函数的表达如下

$$
G_R(\boldsymbol{k})=-\lim_{r\to\infty}r^3f(r)\frac{A_x(r,-\boldsymbol{k})\partial_rA_x(r,\boldsymbol{k})}{A_x(r,-\boldsymbol{k})A_x(r,\boldsymbol{k})}
\tag{3-34}
$$

其中，$\boldsymbol{k}=(\omega,\vec{k})$。在零动量空间 ($\boldsymbol{k}=0$)，延迟格林函数可进一步表达为

$$G_R(\omega)=-\lim_{r\to\infty}r^3f(r)\frac{\partial_r A_x(r,\omega)}{A_x(r,\omega)} \tag{3-35}$$

从上面的计算可发现，带外尔修正的麦克斯韦外场的延迟格林函数和标准麦克斯韦场的延迟格林函数是一样的。也就是说，外尔项对延迟格林函数的表达没影响。如果 $A_x$ 归一化到 $A_x(r\to\infty)=1$ 时，则延迟格林函数可以表达为[84]

$$G_R(\omega)=-\lim_{r\to\infty}r^3f(r)A_xA_x' \tag{3-36}$$

将式 3-28 代入上面的延迟格林函数的表达式中，可得到

$$G_R(\omega)=2\frac{A^{(2)}}{A^{(0)}}+\omega^2\left(\log\varLambda r-\frac{1}{2}\right) \tag{3-37}$$

此方程中的对数项会导致格林函数发散，可通过加抵消项来消除此发散项[84]。最后，延迟格林函数可表达为

$$G_R(\omega)=2\frac{A^{(2)}}{A^{(0)}}-\frac{\omega^2}{2} \tag{3-38}$$

从而可得到电导率的计算公式如下

$$\sigma(\omega)=-\frac{iA^{(2)}}{\omega A^{(0)}}+\frac{i\omega}{2} \tag{3-39}$$

因此，要计算出电导率，只需要得到规范场 $A_x(r)$ 在共形边界处的展开系数 $A^{(0)}$ 和 $A^{(2)}$ 即可。和求背景方程类似，做一坐标变换 $z=1/r$，则式 3-26 变为

$$\begin{aligned}&(1+8\gamma z^4)A_x''-\frac{1+z^4(3-24\gamma)+56\gamma z^8}{z(1-z^4)}A_x'+\\&\frac{\left(1+8\gamma z^4\right)\omega^2}{(1-z^4)^2}A_x-\frac{2r_H^2A_x\varPsi^2}{z^2(1-z^4)}=0\end{aligned} \tag{3-40}$$

利用视界处入射波的边界条件 (式 3-27)，可数值解上面的扰动方程，读出电导率。电导率和频率的关系见图 3-3。

从图 3-3 可发现，外尔修正全息超导模型和标准超导模型有两个主要的共同的特点：

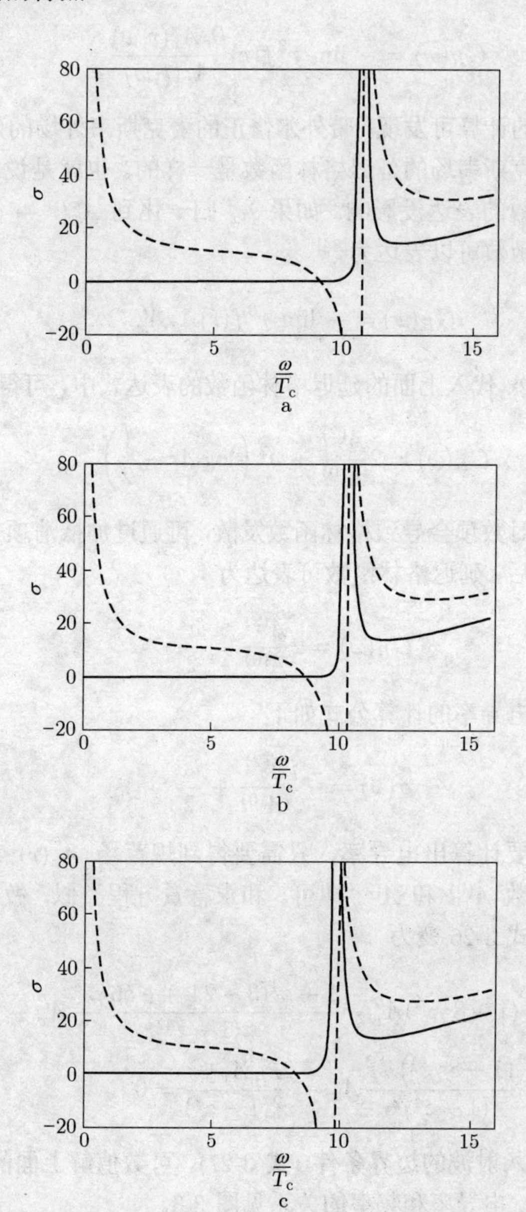

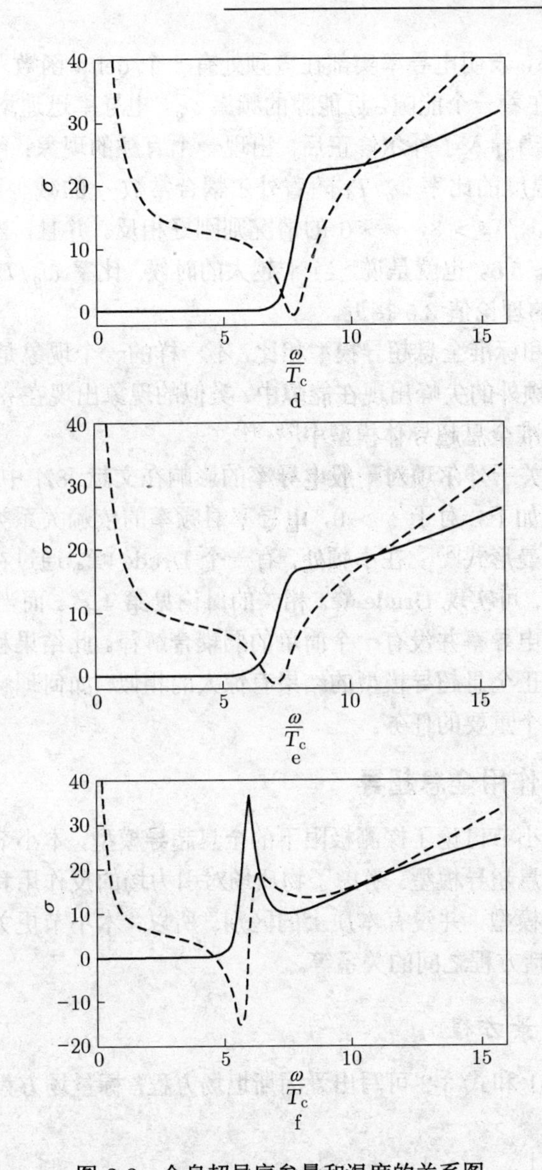


图 3-3 全息超导序参量和温度的关系图

a — $\gamma$=−0.06; b — $\gamma$=−0.04; c — $\gamma$=−0.02; d — $\gamma$=0; e — $\gamma$=0.02; f — $\gamma$=0.04

(实线表示电导率实部，虚线表示电导率虚部)

(1) 零频处 ($\omega = 0$)，电导率虚部有一无限高的极值，根据 Kramers-

Kronig 关系，表明电导率实部在零频处有一个 delta 函数。

(2) 存在着一个能隙，近能隙的频率 $\omega_g$，电导率迅速增大。

但是，当导入了外尔修正后，出现一个有趣的现象：能隙的频率 $\omega_g$ 和临界温度的比率 $\omega_g/T_c$ 随着外尔耦合常数 $\gamma$ 的减少而增大。当 $\gamma < 0$ 时，$\omega_g/T_c > 8$，$\gamma > 0$ 的情况则刚好相反。并且，当 $\gamma = 0.04$ 时，$\omega_g/T_c \approx 5.6$。也就是说，当 $\gamma$ 越大的时候，比率 $\omega_g/T_c$ 向着弱耦合的 BCS 的理论值 3.5 接近。

此外，和标准全息超导模型相比，不一样的一个现象是，当 $\gamma < 0$ 时，有一个额外的尖峰出现在能隙中。类似的现象出现在 $m^2$ 接近 BF 边界时的标准全息超导体模型中[79, 84]。

最后，关于外尔项对一般电导率的影响在文献 [82] 中亦已研究。其主要结果如下，对于 $\gamma > 0$，电导率对频率的依赖关系类似于弱耦合的玻耳兹曼形式[83]：在小频处，有一个 Drude 峰。通过在全息模型中导入格点，可实现 Drude 峰。相关的讨论见第 4 章。而当 $\gamma < 0$ 时，频率依赖的电导率并没有一个简单的弱耦合解释。此结果和本节所讨论的外尔修正全息超导模型的结果有惊人的相似。如何理解所得到的结果将是一个重要的任务。

### 3.1.4 反作用全息超导

前面两小节讨论了探测极限下的全息超导模型，本小节将简单介绍反作用全息超导模型。考虑了物质场对引力场的反作用和探测极限的全息超导模型，并没有本质上的区别。所以，本小节更关注技术上的细节，包括方程之间的关系等。

#### 3.1.4.1 背景方程

从式 3-1 和式 3-2 可写出爱因斯坦场方程，标量场方程和麦克斯韦方程如下

$$R_{\mu\nu} - \frac{1}{2}g_{\mu\nu}R - \frac{1}{2}g_{\mu\nu}\Lambda - \frac{1}{2}g^{\rho\sigma}F_{\mu\rho}F_{\nu\sigma} + \frac{1}{8}g_{\mu\nu}F_{\rho\sigma}F^{\rho\sigma} - \frac{1}{2}(D_\mu\Psi D_\nu^*\Psi^* + D_\nu\Psi D_\mu^*\Psi^*) + \frac{g_{\mu\nu}}{2}(m^2|\Psi|^2 + |D\Psi|^2) = 0 \tag{3-41}$$

$$D_\mu D^\mu\Psi - m^2\Psi = 0 \tag{3-42}$$

$$\nabla^{\mu} F_{\mu\nu} - iq[\Psi^* D_{\nu} \Psi - \Psi D_{\nu}^* \Psi^*] = 0 \tag{3-43}$$

为方便，已设 $L = 1$。根据对称性，可采取如下的度规拟设

$$\mathrm{d}s^2 = \frac{L^2}{u^2}\left[-f(u)\mathrm{e}^{-\chi(u)}\mathrm{d}t^2 + \frac{\mathrm{d}u^2}{f(u)} + \mathrm{d}x^2 + \mathrm{d}y^2\right] \tag{3-44}$$

此外，设

$$A = \Phi(u)\mathrm{d}t, \qquad \Psi = \Psi(u) \tag{3-45}$$

如前面所讨论的，可设标量场 $\Psi$ 为实标量场。根据上面的拟设式 3-44 和式 3-45，可导出标量场方程和麦克斯韦方程分别为

$$\Psi'' + \left(\frac{f'}{f} - \frac{\chi'}{2} - \frac{2}{u}\right)\Psi' + \frac{q^2\mathrm{e}^{\chi}\Phi^2\Psi}{f^2} - \frac{m_{\Psi}^2\Psi}{u^2 f} = 0 \tag{3-46}$$

$$\Phi'' + \frac{\chi'\Phi'}{2} - \frac{2q^2\Psi^2\Phi}{u^2 f} = 0 \tag{3-47}$$

爱因斯坦方程相对复杂些。在上面的度规拟设式 3-44 下，背景的爱因斯坦场方程亦只有对角分量，即 $tt$、$uu$、$xx$ 和 $yy$ 分量，分别可导出如下

$$\mathrm{EBtt} := \frac{3}{u^2} - \frac{3}{u^2 f} + \frac{m^2\Psi^2}{2u^2 f} + \frac{q^2\mathrm{e}^{\chi}\Phi^2\Psi^2}{2f^2} - \frac{f'}{uf} + \frac{\mathrm{e}^{\chi}u^2\Phi'^2}{4f} + \frac{1}{2}\Psi'^2 \tag{3-48}$$

$$\mathrm{EBuu} := \frac{3}{u^2} - \frac{3}{u^2 f} + \frac{m^2\Psi^2}{2u^2 f} - \frac{q^2\mathrm{e}^{\chi}\Phi^2\Psi^2}{2f^2} - \frac{f'}{uf} + \frac{\mathrm{e}^{\chi}u^2\Phi'^2}{4f} - \frac{1}{2}\Psi'^2 + \frac{\chi'}{u} \tag{3-49}$$

$$\mathrm{EBxx} := -\frac{6}{u^2} + \frac{6}{u^2 f} + \frac{q^2\mathrm{e}^{\chi}\Phi^2\Psi^2}{f^2} + \frac{4f'}{uf} + \frac{\mathrm{e}^{\chi}u^2\Phi'^2}{2f} - \frac{2\chi'}{u} + \frac{3f'\chi'}{2f} - \frac{1}{2}\chi'^2 - \Psi'^2 - \frac{f''}{f} + \chi'' \tag{3-50}$$

由于 $x-y$ 平面的对称性，EByy = EBxx。比较 EBtt 和 EBuu 可以发现，这两个方程除了第四、第七项异号以及 EBuu 比 EBtt 多出最后一项外，其余各项相同。所以，令 EBttuu = EBtt − EBuu，可得

$$\mathrm{EBttuu} := \frac{q^2\mathrm{e}^{\chi}\Phi^2\Psi^2}{f^2} - \frac{\chi'}{u} + \Psi'^2 \tag{3-51}$$

并且，进一步的观察发现，爱因斯坦方程的 $xx$ 分量可由 EBttuu 和 EBtt 导出，故三个背景爱因斯坦方程中仅有两个是独立的，即

$$\frac{3}{u^2}-\frac{3}{u^2 f}+\frac{m^2\Psi^2}{2u^2 f}+\frac{q^2 e^{\chi}\Phi^2\Psi^2}{2f^2}-\frac{f'}{uf}+\frac{e^{\chi}u^2\Phi'^2}{4f}+\frac{1}{2}\Psi'^2=0 \tag{3-52}$$

$$\frac{q^2 e^{\chi}\Phi^2\Psi^2}{f^2}-\frac{\chi'}{u}+\Psi'^2=0 \tag{3-53}$$

联立求解标量场方程、麦克斯韦方程和爱因斯坦方程，根据规范引力对偶词典，即可得到全息系统的相关信息。为了解这些方程，可以分别在视界 $u=1$ 和共形边界 $u=0$ 处级数展开上述方程，然后根据相关物理要求给出边界条件，即可求解。相关细节可参考文献 [77]。

#### 3.1.4.2 扰动方程

因为考虑了物质场的反作用，故在此除了考虑规范场的展开外，亦要考虑度规场的展开

$$A_\mu=A_\mu^{(0)}+a_\mu,\quad g_{\mu\nu}=g_{\mu\nu}^{(0)}+h_{\mu\nu} \tag{3-54}$$

在本小节，再一次考虑零动量的情况并且选取径向规范以致可设 $h_{r\nu}=0$ 和 $a_r=0$。由于在此仅讨论切变效应，扰动 $h_{tt}$ 和 $a_t$ 可关闭。根据 $x-y$ 平面上的 $SO(2)$ 对称性，可进一步把扰动分为两类：一类为 $h_{xt}$、$h_{yt}$、$a_x$ 和 $a_y$；另一类为 $h_{xx}$、$h_{yy}$ 和 $h_{xy}$。第一类对应于切变效应，正是本小节所讨论的。进一步由于对称性，可仅考虑扰动 $h_{xt}$ 和 $a_x$。

设扰动 $h_{xt}$ 和 $a_x$ 仅依赖于径向 $r$ 及对时间的依赖为 $h_{xt}=h_{xt}(r)e^{-i\omega t}$ 和 $a_x=a_x(r)e^{-i\omega t}$。利用麦克斯韦方程和爱因斯坦场方程可导出如下的扰动方程

$$a_x''+\left(\frac{f'}{f}-\frac{\chi'}{2}\right)a_x'+\left(\frac{\omega^2 e^{\chi}}{f^2}-\frac{2q^2\Psi^2}{u^2 f}\right)a_x+\frac{u^2 e^{\chi}\Phi'}{f}\left(\frac{2}{u}h_{tx}+h_{tx}'\right)=0 \tag{3-55}$$

$$\frac{2}{u}h_{tx}+h_{tx}'+\Phi' a_x=0 \tag{3-56}$$

上式为爱因斯坦方程的 $tx$ 分量，将此方程代入麦克斯韦扰动方程 (式

3-55)，可得关于 $a_x$ 的二阶扰动方程

$$a_x'' + \left(\frac{f'}{f} - \frac{\chi'}{2}\right) a_x' + \left(\frac{\omega^2 \mathrm{e}^{\chi}}{f^2} - \frac{u^2 \mathrm{e}^{\chi} \Phi'^2}{f} - \frac{2q^2 \Psi^2}{u^2 f}\right) a_x = 0 \quad (3\text{-}57)$$

类似于探测极限，在视界 $u = 1$ 处加上入射波的边界条件，即可解此扰动方程，读出电导率。具体细节可参考文献 [77]。

## 3.2 全息超导：top-down 构建

在上一节，介绍了 bottom-up 的全息超导模型。本节将介绍 top-down 的全息超导模型。相比于 bottom-up 的构建，top-down 的全息超导模型有定义完好的对偶场论。限于篇幅，仅介绍 $D3/D7$ 模型。

### 3.2.1 $D3/D7$ 模型及其应用

#### 3.2.1.1 $D3/D7$ 模型的基本物质

$\mathcal{N} = 4$, $SU(N_c)$ 超杨 - 米尔斯理论仅仅包含规范群 $SU(N_c)$ 的伴随表示的场。为了导入费米场[1]，可以加 $N_f$ 个一样的探测味膜到 $N_c$ 个互相重叠的色膜中 $(N_f \ll N_c)$。

而味膜世界体积上的场为 $U(N_f)$ 规范群的基本或反基本表示。弦生成了 $U(N_f)$ 规范群的基本表示的场。此弦的两个端点分别搭在色膜和味膜上。这样的弦带有规范群 $SU(N_c)$ 的一个色指标和 $U(N_f)$ 的一个味指标。类比于 QCD，常称这样的弦为夸克。依赖于弦的方向，即依赖于搭在味膜的为弦的起点或终点，这些弦各自表示规范群 $U(N_f)$ 的基本表示或反基本表示的物质。夸克的质量正比于在色膜和味膜之间的弦长度 $l$，具体为 $m_q = l/(2\pi\alpha')$。

由于这些弦可认同于规范群 $U(N_f)$ 的伴随表示中的物体，因此自然地描述了介子自由度。在弦论中，这些态描述了背景几何的色膜扰动。根据 AdS/CFT 对偶，这些膜的小振动对偶于场论中的介子。此外，对偶场论是 $(3+1)$ 维的 $\mathcal{N} = 4$ 超杨 - 米尔斯理论和 $\mathcal{N} = 2$ 超多重态的耦合。此超多重态来自于搭在 $D3$ 膜和 $D7$ 膜之间的弦。

---

[1] 费米场为规范群的基本或反基本表示的场。

#### 3.2.1.2 $D3/D7$ 膜的引力图景

本小节简单描述 $D3/D7$ 膜的引力图景。考虑 $N_c$ 个互相重叠的 $D3$ 膜延展在 (0123) 的时空方向。根据第 1 章的讨论，此 $N_c$ 个互相重叠的 $D3$ 膜产生 $\mathrm{AdS}_5 \times S^5$ 时空。

将 $N_f$ 个 $D7$ 膜加到此 AdS 时空中，占据 (01234567) 的时空方向，并且假设 $D3$ 膜和 $D7$ 膜重叠。由于 $D7$ 膜作为探测物质，所以并不影响 $D3$ 膜所产生的 AdS 几何。由于放进了 $D7$ 膜，$D3$ 膜横向上的 $SO(6)$ 对称性破缺为 $SO(4) \times SO(2)$。$SO(4)$ 表示 (4567) 空间的旋转不变性，而 $SO(2)$ 则作用在 (89) 方向上。如果 $D3$ 膜和 $D7$ 膜不重叠，$SO(2)$ 群明显破缺，在此情况下，搭在 $D3$ 和 $D7$ 膜上的弦有非零的长度。根据上一小节的讨论，此弦给出了对偶场论中一个有质量的夸克。

#### 3.2.1.3 $D3/D7$ 膜的场论图景

$D3/D7$ 膜的场论图景主要由搭在膜上的开弦所刻画。开弦的两个端点都搭在 $D3$ 膜上，称为 3-3 弦。此弦所激发出的物质量模式给出规范群为 $SU(N_c)$ 的 $\mathcal{N}=4$ 超杨 - 米尔斯理论。当 $D7$ 膜加进后，有 7-3 弦和 3-7 弦。它们分别给出基本或反基本表示的 $\mathcal{N}=2$ 超多重态。如果 $N_f$ 个味膜和 $N_c$ 个色膜在 (89) 方向重叠，则 $\mathcal{N}=2$ 超多重态上的场为无质量的。如果在 (89) 方向将味膜和色膜分开，则 $\mathcal{N}=2$ 超多重态上的场变得有质量。

#### 3.2.1.4 $D7$ 膜的镶入

本小节考虑如何将 $D7$ 膜镶入到由 $N_c$ 个重叠的 $D3$ 膜所生成的 $\mathrm{AdS}_5 \times S^5$ 时空中。考虑 $D7$ 膜镶入后的对称性，可将 $\mathrm{AdS}_5 \times S^5$ 背景几何式 1-26 改写为

$$\mathrm{d}s^2 = \frac{r^2}{L^2}\eta_{ij}\mathrm{d}x^i\mathrm{d}x^j + \frac{L^2}{r^2}(\mathrm{d}\rho^2 + \rho^2\mathrm{d}\Omega_3^2 + \mathrm{d}\omega_5^2 + \mathrm{d}\omega_6^2) \tag{3-58}$$

式中，$\rho^2 = \sum_{i=1}^{4}\omega_i^2$；$r^2 = \sum_{i=1}^{6}\omega_i^2$。选择静态规范，$\sigma^m = (x^i, \omega_1, \omega_2, \omega_3, \omega_4)$，而 $\omega_5$ 和 $\omega_6$ 可由 $\sigma^m$ 表示 $\omega_{5,6} = \omega_{5,6}(\sigma^m)$。由于 $x^i$ 平面上的平

移对称性和 $(\rho,\Omega_3)$ 上的旋转对称性，可设 $\omega_{5,6}=\omega_{5,6}(\rho)$。因此，$D7$ 膜的诱导度规为

$$\begin{aligned}\mathrm{d}s_7^2 &= \frac{r^2}{L^2}\eta_{ij}\mathrm{d}x^i\mathrm{d}x^j+\frac{L^2}{r^2}(\mathrm{d}\rho^2+\rho^2\mathrm{d}\Omega_3^2+\dot{\omega}_5^2\mathrm{d}\rho^2+\dot{\omega}_6^2\mathrm{d}\rho^2)\\ &= \frac{r^2}{L^2}\eta_{ij}\mathrm{d}x^i\mathrm{d}x^j+\frac{L^2}{r^2}\left[(1+\dot{\omega}_5^2+\dot{\omega}_6^2)\mathrm{d}\rho^2+\rho^2\mathrm{d}\Omega_3^2\right]\end{aligned} \tag{3-59}$$

式中，“ . ”表示对 $\rho$ 求导。

$D7$ 膜世界体积场论的低能有效作用量由式 1-22 所决定。在 $\mathrm{AdS}_5\times S^5$ 背景几何式 3-58 下，不考虑规范场时，DBI 作用量约化为

$$S_{D7}=-\tau_7 V_{S^3}V_{R^{1,3}}N_f\int_o^\infty \mathrm{d}\rho\rho^3\sqrt{1+\dot{\omega}_5^2+\dot{\omega}_6^2} \tag{3-60}$$

如果 $\omega_5$ 和 $\omega_6$ 为常数，则上式最小，$D7$ 膜平躺在 (89) 方向的横向上。由于 $(\omega_5,\omega_6)$ 平面上的旋转对称性，可设 $\omega_6=0$。因此，$D7$ 膜的镶入由 $\omega_5=\tilde{L}=$ 常数描述。此时，$D7$ 膜的诱导度规式 3-59 可进一步写为

$$\mathrm{d}s^2=\frac{\rho^2+\tilde{L}^2}{L^2}\eta_{ij}\mathrm{d}x^i\mathrm{d}x^j+\frac{L^2}{\rho^2+\tilde{L}^2}\mathrm{d}\rho^2+\frac{L^2\rho^2}{\rho^2+\tilde{L}^2}\mathrm{d}\Omega_3^2 \tag{3-61}$$

这样的一个最小作用量位型对应于 $\rho\to\infty$ 的渐近几何 $\mathrm{AdS}_5\times S^3$，此几何是 $\mathrm{AdS}_5\times S^5$ 的子空间。$S^3$ 的半径随着 $\rho$ 从边界无穷处到 $\rho=0$ 的方向减少到零。关于此位型的详细讨论，可参考文献 [18]。

当一个规范场打开时，$D7$ 膜平的镶入将变形。此时，$D7$ 膜和 $D3$ 膜的距离 $\tilde{L}$ 不再是常数，而是有如下的渐近行为 $L(\rho)=l_d+\dfrac{c}{\rho^2}+\cdots$，其中 $\rho\to\infty$。$D3$ 膜和 $D7$ 膜在边界 $(\rho\to\infty)$ 的分离对应于 $l_q$3-7 弦的长度，从而定出夸克的质量为 $m_q=l_q/(2\pi\alpha')$。此外，根据 AdS/CFT 对偶，$c$ 对应于对偶场论的夸克凝聚。

#### 3.2.1.5 有限密度和有限温度的 $D3/D7$ 模型

为了在 $D3/D7$ 模型中引入有限温度，应将纯 $\mathrm{AdS}_5\times S^5$ 时空背景变形为 AdS 黑洞背景

$$\mathrm{d}s^2=\frac{\hat{\rho}^2}{2L^2}\left(-\frac{f^2}{\tilde{f}^2}\mathrm{d}t^2+\tilde{f}\mathrm{d}x^i\mathrm{d}x_i\right)+\left(\frac{L}{\hat{\rho}}\right)^2(\mathrm{d}\hat{\rho}^2+\hat{\rho}^2\mathrm{d}\Omega_5^2) \tag{3-62}$$

式中，$f(\hat{\rho})=1-\frac{\hat{\rho}_H^4}{\hat{\rho}^4}$；$\tilde{f}(\hat{\rho})=1+\frac{\hat{\rho}_H^4}{\hat{\rho}^4}$。黑洞的霍金温度为 $T=\frac{\hat{\rho}_H}{\pi R^2}$。在接下去的讨论中，常用到如下的无量纲坐标 $\rho=\hat{\rho}/\hat{\rho}_H$。在此无量纲坐标系下，黑洞的事件视界位于 $\rho_H=1$，而共形边界位于 $\rho\to\infty$ 处。

现在，考虑如何将 $D7$ 膜镶入到此黑洞中。首先，在 (4567) 方向上导入球坐标 $\{r,\Omega_3\}$，同时在 (89) 方向导入极坐标 $\{\tilde{L},\phi\}$。这两个空间的夹角标记为 $\theta(0\leqslant\theta\leqslant\pi/2)$，那么 (456789) 这六维空间的度规为

$$\begin{aligned}\mathrm{d}\hat{\rho}^2+\hat{\rho}^2\mathrm{d}\Omega_5^2&=\mathrm{d}r^2+r^2\mathrm{d}\Omega_3^2+\mathrm{d}\tilde{L}^2+\tilde{L}^2\mathrm{d}\phi^2\\&=\mathrm{d}\hat{\rho}^2+\hat{\rho}^2(\mathrm{d}\theta^2+\cos^2\theta\mathrm{d}\phi^2+\sin^2\theta\mathrm{d}\Omega_3^2)\end{aligned}\tag{3-63}$$

式中，$r=\hat{\rho}\sin\theta$；$\hat{\rho}^2=r^2+\tilde{L}^2$；$\tilde{L}=\hat{\rho}\cos\theta$。

由于 (0123) 方向上的平移对称性和 (4567) 方向上的 $SO(4)$ 旋转对称性，可知 $D7$ 膜仅仅依赖于径向坐标 $\rho$。设 $\chi=\cos\theta$，可根据 $\chi=\chi(\rho)$ 参数化此镶入。同时利用 (89) 方向上的 $SO(2)$ 对称性，可设 $\phi=0$。因此，$D7$ 膜的诱导度规 $G$ 为

$$\begin{aligned}\mathrm{d}s_7^2=&\frac{\hat{\rho}^2}{2R^2}\left(-\frac{f^2}{\tilde{f}^2}\mathrm{d}t^2+\tilde{f}\mathrm{d}x^i\mathrm{d}x_i\right)+\frac{R^2}{\hat{\rho}^2}\cdot\frac{1-\chi^2+\hat{\rho}^2(\partial_{\hat{\rho}}\chi)^2}{1-\chi^2}\mathrm{d}\hat{\rho}^2+\\&R^2(1-\chi^2)\mathrm{d}\Omega_3^2\end{aligned}\tag{3-64}$$

从上面的度规容易得出度规 $G$ 的行列式的平方根为

$$\sqrt{-G}=\frac{\sqrt{h_3}}{4}\hat{\rho}^3f\tilde{f}(1-\chi^2)\sqrt{1-\chi^2+\hat{\rho}^2(\partial_{\hat{\rho}}\chi)^2}\tag{3-65}$$

式中，$h_3$ 为 3 球的行列式。

为了在 $D3/D7$ 模型中导入有限密度，可在 $D7$ 膜的世界体积上导入一个 $U(1)$ 规范场，并设 $A=A_t(\hat{\rho})$。此时，DBI 作用量约化为[85]

$$\begin{aligned}I_{D7}=&-N_fT_{D7}\int\mathrm{d}^8\sigma\frac{\hat{\rho}^3}{4}f\tilde{f}(1-\chi^2)\times\\&\sqrt{1-\chi^2+\hat{\rho}^2(\partial_{\hat{\rho}}\chi)^2-2(2\pi l_s^2)^2\frac{\tilde{f}}{f^2}(1-\chi^2)F_{\hat{\rho}t}^2}\end{aligned}\tag{3-66}$$

利用变分原理，可导出 $A_t$ 的运动方程如下

$$\partial_{\hat\rho}\left[\frac{\hat\rho^3}{2}\cdot\frac{\tilde f^2}{f}\frac{(1-\chi^2)^2\partial_{\hat\rho}A_t}{\sqrt{1-\chi^2+\hat\rho^2(\partial_{\hat\rho}\chi)^2-2(2\pi l_s^2)^2\frac{\tilde f}{f^2}(1-\chi^2)(\partial_{\hat\rho}A_t)^2}}\right]=0 \quad (3\text{-}67)$$

此运动方程也称为高斯律。从上面的运动方程容易发现，规范场 $A_t$ 的渐近行为为 $A_t\approx\mu-\dfrac{a}{\hat\rho^2}+\cdots\mu$ 为化学势，而 $a$ 正比于重子数密度的真空期待值。

此外，从 $A_t$ 的运动方程，可发现有一运动常数

$$d\equiv N_fT_{D7}(2\pi l_s^2)^2\frac{\hat\rho^3}{2}\cdot\frac{\tilde f^2}{f}\times \frac{(1-\chi^2)^2\partial_{\hat\rho}A_t}{\sqrt{1-\chi^2+\hat\rho^2(\partial_{\hat\rho}\chi)^2-2(2\pi l_s^2)^2\frac{\tilde f}{f^2}(1-\chi^2)(\partial_{\hat\rho}A_t)^2}} \quad (3\text{-}68)$$

实际上，从对式 3-66 的变分过程中，容易发现 $d=\delta I_{D7}/\delta F_{\hat\rho t}$，这表明此常数正是电位移。当趋向于共形边界 $(\hat\rho\to\infty)$ 时，$d=N_fT_{D7}(2\pi l_s^2)^2a$。

从上面的讨论可知，$\chi(\hat\rho)$ 描述 $D7$ 膜镶入的轮廓。为了导出其运动方程，可对式 3-66 做一勒让德变化，并且利用式 3-67 消掉规范场 $A_t$。这样，DBI 作用量变为

$$\begin{aligned}\tilde I_{D7}&=I_{D7}-\int \mathrm{d}^8\sigma F_{\hat\rho t}\frac{\delta I_{D7}}{\delta F_{\hat\rho t}}\\&=-N_fT_{D7}\int\mathrm{d}^8\sigma\frac{\hat\rho^3}{4}f\tilde f(1-\chi^2)\sqrt{1-\chi^2+\hat\rho^2(\partial_{\hat\rho}\chi)^2}\times\\&\quad\left[1+\frac{8d^2}{(2\pi l_s^2N_fT_{D7})^2\hat\rho^6\tilde f^3(1-\chi^2)^3}\right]^{1/2}\end{aligned} \quad (3\text{-}69)$$

从上面的作用量 $\tilde{I}_{D7}$，可导出 $\chi$ 的运动方程为

$$
\begin{aligned}
&\partial_\rho\left[\frac{\rho^5 f\tilde{f}(1-\chi^2)\dot{\chi}}{\sqrt{1-\chi^2+\rho^2\dot{\chi}^2}}\sqrt{1+\frac{8\tilde{d}^2}{\rho^6\tilde{f}^3(1-\chi^2)^3}}\right]\\
&=-\frac{\rho^3 f\tilde{f}\chi}{\sqrt{1-\chi^2+\rho^2\dot{\chi}^2}}\sqrt{1+\frac{8\tilde{d}^2}{\rho^6\tilde{f}^3(1-\chi^2)^3}}\times\\
&\quad\left[3(1-\chi^2)+2\rho^2\dot{\chi}^2-24\tilde{d}^2\frac{1-\chi^2+\rho^2\dot{\chi}^2}{\rho^6\tilde{f}^3(1-\chi^2)^3+8\tilde{d}^2}\right]
\end{aligned}
\tag{3-70}
$$

在此，导入了两个无量纲的量 $\rho=\hat{\rho}/\hat{\rho}_H$ 和 $\tilde{d}=\dfrac{d}{2\pi l_s^2\hat{\rho}_H^3 N_f T_{D7}}$。此外，$\dot{\chi}=\partial_\rho\chi$。通过在近视界处展开上面的场方程，可以导出关于 $\chi$ 的初始条件：$\chi(\rho=1)=\chi_0$ 和 $\dot{\chi}(\rho=1)=0$。

类似的，在渐近无穷远 $\rho\to\infty$ 对上面的场方程做级数展开，可得 $\chi$ 的渐近行为：$\chi=\dfrac{m}{\rho}+\dfrac{c}{\rho^3}+\cdots$ $m$、$c$ 和夸克质量 $M_q$ 以及夸克凝聚 $\langle\bar{\psi}\psi\rangle$ 的关系分别为

$$
m=\frac{2M_q}{\sqrt{\lambda}T},\qquad c=-\frac{8\langle\bar{\psi}\psi\rangle}{\sqrt{\lambda}N_f N_c T^3}
\tag{3-71}
$$

有了视界处的边界条件和共形边界处的渐近展开，利用打靶法可求解 $\chi$ 的运动方程。

此外，对作用量 $\tilde{I}_{D7}$ 变分，可得新的高斯律为

$$
\partial_\rho\tilde{A}_t=2\tilde{d}\frac{f^2\sqrt{1-\chi^2+\rho^2\dot{\chi}^2}}{\sqrt{\tilde{f}(1-\chi^2)[\rho^6\tilde{f}^3(1-\chi^2)^3+8\tilde{d}^2]}}
\tag{3-72}
$$

在上面的方程中，导入了无量纲的量，$\tilde{A}_t=\dfrac{2\pi l_s^2}{\hat{\rho}_H}A_t$。

通过数值解关于 $\chi$ 的运动方程，可得到关于 $D7$ 膜的镶入位型。可总结如下：

(1) 对于零的粒子密度，有黑洞镶入和闵氏镶入[86]。

(2) 而对于有限的粒子密度，则仅仅存在黑洞镶入[85]。

此外，对于黑洞镶入的情况，当 $\chi_0$ 接近 1 时，明显发现有一狭长的漏斗型的镶入。关于这样的一个镶入，有一直观的理解：此狭长的

漏斗型的镶入代表一束搭在 $D7$ 膜和黑洞之间的弦，这样的弦可以描述 DBI 作用量的荷电的漏斗型的解[87]。为了有一个更好的理解，下面给出数学的分析。

勒让德转换的作用量 (式 3-69) 可重写为

$$\tilde{I}_{D7} = -\frac{T_{D7}}{\sqrt{2}}\int \mathrm{d}^8\sigma \frac{f}{\tilde{f}^{1/2}}\sqrt{1+\frac{\hat{\rho}^2(\partial_{\hat{\rho}}\chi)^2}{1-\chi^2}} \times \left[\frac{d^2}{(2\pi l_s^2 T_{D7})^2}+\frac{N_f^2}{8}\hat{\rho}^6\tilde{f}^3(1-\chi^2)^3\right]^{1/2} \tag{3-73}$$

如果镶入是近轴的，即 $\chi \approx 1$，那么上面方程第二项的贡献可忽略。因此上述作用量为

$$\begin{aligned}\tilde{I}_{D7} &\approx -n_q V_x \frac{1}{2\pi l_s^2}\int \mathrm{d}t\mathrm{d}\hat{\rho}\frac{f}{(2\tilde{f})^{1/2}}\sqrt{1+\hat{\rho}^2(\partial_{\hat{\rho}}\theta)^2} \\ &= -n_q V_x \frac{1}{2\pi l_s^2}\int \mathrm{d}t\,\mathrm{d}\hat{\rho}\sqrt{-g_{tt}\left[g_{\hat{\rho}\hat{\rho}}+g_{\theta\theta}(\partial_{\hat{\rho}}\theta)^2\right]}\end{aligned} \tag{3-74}$$

式中，$n_q = 2\pi^2 d$ 为弦密度。明显，上面的作用量 Nambu-Goto 作用量是类似的。所以，可以将上面的结果认同为 Nambu-Goto 作用量。此弦在 $\hat{\rho}$ 方向延伸但可自由弯曲远离 $\theta = 0$。

现在，进一步讨论此漏斗型镶入的动态特征。设 $\chi = \chi(\hat{\rho}, t)$ 和 $A_t = A_t(\hat{\rho})$。则勒让德变换后的作用量为

$$\tilde{I}_{D7} = -T_{D7}\int \mathrm{d}^8\sigma \frac{f}{(2\tilde{f})^{1/2}}\sqrt{1+\hat{\rho}^2(\partial_{\hat{\rho}}\theta)^2-\frac{2L^4}{\hat{\rho}^2}\cdot\frac{\tilde{f}}{f^2}(\partial_t\theta)^2} \times \left[\frac{d^2}{(2\pi l_s^2 T_{D7})^2}+\frac{N_f^2}{8}\hat{\rho}^6\tilde{f}^3\sin^6\theta\right]^{1/2} \tag{3-75}$$

当 $\theta \approx 0$ 时，上面的作用量约化为

$$\tilde{I}_{D7} \approx -n_q V_x \frac{1}{2\pi l_s^2}\int \mathrm{d}t\mathrm{d}\hat{\rho}\frac{f}{(2\tilde{f})^{1/2}}\sqrt{1+\hat{\rho}^2(\partial_{\hat{\rho}}\theta)^2-\frac{2L^4}{\hat{\rho}^2}\cdot\frac{\tilde{f}}{f^2}(\partial_t\theta)^2} \tag{3-76}$$

从上面的作用量可看到，在动力学的情况下，$D7$ 近轴的镶入亦可看做一束延伸在 $\hat{\rho}$ 方向，而在 $\theta$ 方向为动力学扰动的弦。所以不仅是

漏斗型镶入的静态特征，而且其扰动的动力学谱亦和弦的图景符合。尽管在 $D7$ 膜的镶入中，并没有明显导入弦，但是 $D7$ 膜的谱仍然俘获了这些弦的出现。这些延展在黑洞视界和渐近 $D7$ 膜之间的弦对偶于场论中的夸克。

## 3.2.2 味超导电性

本小节简单介绍一个 top-down 全息超导模型，味超导电性[88, 89]。

### 3.2.2.1 全息模型建立

首先通过 $D7$ 膜 $(N_f = 2)$ 上的非阿贝尔背景场的非零时间分量导入一同位旋化学势 $\mu$。采用如下拟设：$A_t^3 = A_t^3(\hat{\rho})$，$A_x^3 = A_x^3(\hat{\rho})$。而场强张量为 $F_{MN} = \Sigma_{a=1}^3 F_{MN}^a \sigma^a$，其中

$$F_{MN}^a = \partial_M A_N^a - \partial_N A_M^a + \frac{\gamma}{\sqrt{\lambda}} \varepsilon^{abc} A_M^b A_N^c \tag{3-77}$$

式中，$\frac{\gamma}{\sqrt{\lambda}}$ 为规范耦合常数。根据上式，可算得非零的场强分量为：$F_{\hat{\rho}t}^3 = -F_{t\hat{\rho}}^3 = \partial_{\hat{\rho}} A_t^3$，$F_{\hat{\rho}x}^1 = -F_{x\hat{\rho}}^1 = \partial_{\hat{\rho}} A_x^1$ 和 $F_{tx}^2 = -F_{xt}^2 = \frac{\gamma}{\sqrt{\lambda}} A_t^3 A_x^1$。

将上面的拟设代入非阿贝尔 DBI 作用量 (式 1-23)，有

$$\begin{aligned} S_{D7} &= -T_{D7}\mathrm{Str}\int \mathrm{d}^8\sigma[|\det(E + 2\pi\alpha' F)|]^{1/2} \\ &= -T_{D7}\mathrm{Str}\int \mathrm{d}^8\sigma\sqrt{-\det E}\sqrt{\det(1 + 2\pi\alpha' E^{-1}F)} \\ &= -T_{D7}\mathrm{Str}\int \mathrm{d}^8\sigma\sqrt{-\det E}\{1 + (2\pi\alpha')^2[g^{xx}g^{\hat{\rho}\hat{\rho}}(F_{\hat{\rho}x}^1)^2(\sigma^1)^2 + \\ &\quad g^{tt}g^{\hat{\rho}\hat{\rho}}(F_{\hat{\rho}t}^3)^2(\sigma^3)^2 + g^{tt}g^{xx}(F_{tx}^2)^2(\sigma^2)^2]\}^{1/2} \end{aligned} \tag{3-78}$$

其中对称化迹定义为 $\mathrm{Str}(\tau_{a_1}\cdots\tau_{a_n}) \equiv \frac{1}{n!}\mathrm{tr}(\tau_{a_1}\cdots\tau_{a_n}\cdots)$，$\tau_{a_i}$ 为规范耦合生成元，省略号 $\cdots$ 表示 $\tau_{a_1}\cdots\tau_{a_n}$ 的全部可能排列。式 3-78 中对称化迹的计算是比较困难的。通常有两种近似方法。一是忽略生成元 $\sigma^a$ 的对易子以及设 $(\sigma^a)^2 = 1$。这样一个近似使得 DBI 作用量的计算切实可行。二是展开非阿贝尔作用量到场强的四阶。在文献 [89] 中，对这两种方法都有详细介绍。本小节仅利用第一种方法做简单说明。

通过忽略生成元 $\sigma^a$ 的对易子，式 3-78 可写成

$$
\begin{aligned}
S_{D7} =& -T_{D7}\mathrm{Str}\int \mathrm{d}^8\sqrt{-G}\{1+(2\pi\alpha')^2[g^{xx}g^{\hat\rho\hat\rho}(F^1_{\hat\rho x})^2+g^{tt}g^{\hat\rho\hat\rho}(F^3_{\hat\rho t})^2+ \\
& g^{tt}g^{xx}(F^2_{tx})^2]\}^{1/2} \\
=& -\frac{T_{D7}N_f}{4}\int \mathrm{d}^8\sigma\hat\rho^3 f\tilde f(1-\chi^2)Y(\rho,\chi,\tilde A)
\end{aligned}
\tag{3-79}
$$

其中，定义了 $\tilde A := (2\pi\alpha')A/\hat\rho_H$ 以及

$$
\begin{aligned}
Y(\rho,\chi,\tilde A) :=& \left\{1-\chi^2+\rho^2(\partial_\rho\chi)^2-\frac{2\tilde f}{f^2}(1-\chi^2)\left(\partial_\rho\tilde A^3_t\right)^2+\right. \\
& \left.\frac{2}{\tilde f}(1-\chi^2)\left(\partial_\rho\tilde A^1_x\right)^2-\frac{2\gamma^2}{\pi^2\rho^4 f^2}[1-\chi^2+\rho^2(\partial_\rho\chi)^2]\left(\tilde A^3_t\tilde A^1_x\right)^2\right\}^{\frac12}
\end{aligned}
\tag{3-80}
$$

为了导出运动方程，与在上一小节计算阿贝尔 DBI 作用量一样，通常需要对 DBI 作用量做勒让德变换。为此，可先求出规范场的共轭动量。根据共轭动量的定义

$$
p^3_t=\frac{\delta S_{\mathrm{D7}}}{\delta(\partial_{\hat\rho}A^3_t)},\qquad p^1_x=\frac{\delta S_{\mathrm{D7}}}{\delta(\partial_{\hat\rho}A^1_x)}
\tag{3-81}
$$

可求得

$$
\tilde p^3_t=\frac{\rho^3\tilde f^2(1-\chi^2)^2\partial_\rho\tilde A^3_t}{2fY(\rho,\chi,\tilde A)},\ \tilde p^1_x=-\frac{\rho^3 f(1-\chi^2)^2\partial_\rho\tilde A^1_x}{2Y(\rho,\chi,\tilde A)}
\tag{3-82}
$$

在上面，已定义了无量纲的量 $\tilde p^3_t$ 和 $\tilde p^1_x$ 为 $\tilde p=\dfrac{p}{2\pi\alpha' N_f T_{D7}\hat\rho^3_H}$。从上一小节知道，对于阿贝尔 DBI 作用量，其相应的共轭动量为常数。但在此，由于在非阿贝尔作用量中的 $A^3_tA^1_x$ 项，共轭动量不再为常数，而是依赖于径向坐标 $\hat\rho$。

有了共轭动量，勒让德转换后的作用量可计算如下

$$
\begin{aligned}
\tilde S_{D7} =& S_{D7}-\int \mathrm{d}^8\sigma\left[\left(\partial_{\hat\rho}A^3_t\right)\frac{\delta S_{D7}}{\delta\left(\partial_{\hat\rho}A^3_t\right)}+\left(\partial_{\hat\rho}A^1_x\right)\frac{\delta S_{D7}}{\delta\left(\partial_{\hat\rho}A^1_x\right)}\right] \\
=& -\frac{T_{D7}N_f}{4}\int \mathrm{d}^8\sigma\hat\rho^3 f\tilde f(1-\chi^2)\sqrt{1-\chi^2+\rho^2(\partial_\rho\chi)^2}V(\rho,\chi,\tilde A,\tilde p)
\end{aligned}
\tag{3-83}
$$

其中

$$V(\rho,\chi,\tilde{A},\tilde{p})=\left\{\left[1-\frac{2\gamma^2}{\pi^2\rho^4 f^2}\left(\tilde{A}_t^3\tilde{A}_x^1\right)^2\right]\times\right.$$
$$\left.\left[1+\frac{8\left(\tilde{p}_t^3\right)^2}{\rho^6\tilde{f}^3(1-\chi^2)^3}-\frac{8\left(\tilde{p}_x^1\right)^2}{\rho^6\tilde{f}f^2(1-\chi^2)^3}\right]\right\}^{\frac{1}{2}} \tag{3-84}$$

通过变分原理容易导出规范场及其共轭动量的运动方程

$$\begin{aligned}
\partial_\rho\tilde{A}_t^3&=\frac{2f\sqrt{1-\chi^2+\rho^2(\partial_\rho\chi)^2}}{\rho^3\tilde{f}^2(1-\chi^2)^2}\tilde{p}_t^3 W(\rho,\chi,\tilde{A},\tilde{p})\\
\partial_\rho\tilde{A}_x^1&=-\frac{2\sqrt{1-\chi^2+\rho^2(\partial_\rho\chi)^2}}{\rho^3 f(1-\chi^2)^2}\tilde{p}_3^1 W(\rho,\chi,\tilde{A},\tilde{p})\\
\partial_\rho\tilde{p}_t^3&=\frac{\tilde{f}(1-\chi^2)\sqrt{1-\chi^2+\rho^2(\partial_\rho\chi)^2}c^2}{2\pi^2\rho f W(\rho,\chi,\tilde{A},\tilde{p})}\left(\tilde{A}_3^1\right)^2\tilde{A}_t^3\\
\partial_\rho\tilde{p}_x^1&=\frac{\tilde{f}(1-\chi^2)\sqrt{1-\chi^2+\rho^2(\delta_\rho\chi)^2}c^2}{2\pi^2\rho f W(\rho,\chi,\tilde{A},\tilde{p})}\left(\tilde{A}_t^3\right)^2\tilde{A}_x^1
\end{aligned} \tag{3-85}$$

在上面的方程中，已定义了

$$W(\rho,\chi,\tilde{A},\tilde{p}):=\sqrt{\frac{1-\frac{2\gamma^2}{\pi^2\rho^4 f^2}\left(\tilde{A}_t^3\tilde{A}_x^1\right)^2}{1+\frac{8\left(\tilde{p}_t^3\right)^2}{\rho^6\tilde{f}^3(1-\chi^2)^3}-\frac{8\left(\tilde{p}_x^1\right)^2}{\rho^6\tilde{f}f^2(1-\chi^2)^3}}}$$

而镶入函数 $\chi$ 的运动方程则为

$$\begin{aligned}
&\partial_\rho\left[\frac{\rho^5 f\tilde{f}(1-\chi^2)(\partial_\rho\chi)}{\sqrt{1-\chi^2+\rho^2(\partial_\rho\chi)^2}}V\right]\\
&=-\frac{\rho^3 f\tilde{f}\chi}{\sqrt{1-\chi^2+\rho^2(\partial_\rho\chi)^2}}\left\{\left[3\left(1-\chi^2\right)+2\rho^2(\partial_\rho\chi)^2\right]V-\right.\\
&\quad\left.\frac{24\left[1-\chi^2+\rho^2(\partial_\rho\chi)^2\right]}{\tilde{f}^3\rho^6\left(1-\chi^2\right)^3}W\left[\left(\tilde{p}_t^3\right)^2-\frac{\tilde{f}^2}{f^2}\left(\tilde{p}_x^1\right)\right]\right\}
\end{aligned} \tag{3-86}$$

在视界处对场进行级数展开，然后代回上述的运动方程，保留到

二阶，可得到如下的视界处的边界条件

$$\tilde{A}_t^3 = \frac{c_0}{\sqrt{(1-\chi_0^2)^3 + c_0^2}}(\rho-1)^2, \quad \tilde{A}_x^1 = b_0 \tag{3-87}$$

$$\tilde{p}_t^3 = c_0 + \frac{\gamma^2 b_0^2 c_0}{8\pi^2}(\rho-1)^2, \quad \tilde{p}_x^1 = 0 \tag{3-88}$$

$$\chi = \chi_0 - \frac{3\chi_0(1-\chi_0^2)^3}{4[(1-\chi_0^2)^3 + c_0^2]}(\rho-1)^2 \tag{3-89}$$

从上面的初始条件可看到，有三个独立的参数 $b_0$、$c_0$ 和 $\chi_0$。这些独立的参数可通对偶场论的量来确定。而这些对偶场论的量是通过边界处 bulk 中场的渐近展开定义的。所以，现在在边界处展开 bulk 里面的场，结果如下

$$\tilde{A}_t^3 = \tilde{\mu} - \frac{\tilde{d}_t^3}{\rho^2}, \quad \tilde{A}_x^1 = -\frac{\tilde{d}_x^1}{\rho^2} \tag{3-90}$$

$$\tilde{p}_t^3 = \tilde{d}_t^3, \quad \tilde{p}_x^1 = -\tilde{d}_x^1 + \frac{\gamma^2 \tilde{\mu}^2 \tilde{d}_x^1}{4\pi^2 \rho^2} \tag{3-91}$$

$$\chi = \frac{m}{\rho} + \frac{c}{\rho^3} \tag{3-92}$$

根据引力对偶词典，$\mu$ 为同位旋化学势。$\tilde{d}$ 和味流 $J$ 的真空期待值之间的关系为

$$\tilde{d}_t^3 = \frac{2^{\frac{5}{2}}\langle J_t^3\rangle}{N_f N_c \sqrt{\lambda} T^3}, \quad \tilde{d}_x^1 = \frac{2^{\frac{5}{2}}\langle J_x^1\rangle}{N_f N_c \sqrt{\lambda} T^3} \tag{3-93}$$

边界展开的系数 $m$ 和 $c$ 与裸夸克质量 $M_q$ 和夸克凝聚 $\langle\bar{\psi}\psi\rangle$ 的关系分别为

$$m = \frac{2M_q}{\sqrt{\lambda}T}, \quad c = -\frac{8\langle\bar{\psi}\psi\rangle}{\sqrt{\lambda}N_f N_c T^3} \tag{3-94}$$

利用约束 $\tilde{A}_x^1|_{\rho\to\infty} = 0$ 和两个独立的物理参数 $m$ 和 $\mu$，可确定近视界处的三个独立物理参数 $b_0$、$c_0$ 和 $\chi_0$，从而取得运动方程的解。从上面的渐近展开中可以看到，流 $J_x^1$ 没有源，因此 $U(1)_3$ 的对称性总是自发破缺。相反，在 $2+1$ 维 $p$ 波超导的相关工作[90, 91] 中，$U(1)_3$ 对称性的破缺是手加的。到此，利用 $D3/D7$ 膜的 top-down 构建，已经建立了全息味超导体。

通过数值解运动方程，可以发现这个模型确实存在超导相变。此外，电导率的计算也表明了超导电性的存在。详细分析可参考文献[88]、[89]。在下一小节，仅对此模型的弦论图景做一简单的分析。

#### 3.2.2.2　弦论图景

关于味全息超导模型的弦论图景可像 3.2.1 小节一样进行分析。在此，仅简单总结如下：

(1) 非零的场 $A_t^3$ 为视界附近的弦所诱导。通过增加视界处弦的密度，视界处 $D7$ 膜上的同位旋电荷增加，因此，系统能量增加。

(2) 由于在弦的端点，味电场 $E_{\hat{\rho}}^3 = F_{t\hat{\rho}}^3 = -\partial_{\hat{\rho}} A_t^3$ 的排斥力，弦倾向于朝共形边界运动。因此，存在着临界密度，超过此临界密度，系统不稳定。

(3) 新的非零场 $A_x^1$ 的导入使得系统稳定。$A_x^1$ 是沿 $x$ 方向运动的 $D7$-$D7$ 弦所诱导的。这个弦的运动可解释为 $x$ 方向的流，此流诱导了磁场 $B_{x\hat{\rho}}^1 = F_{x\hat{\rho}}^1 = -\partial_{\hat{\rho}} A_x^1$。

(4) 在 $D7$-$D7$ 弦和视界弦之间的相互作用诱导出味电场 $E_x^2 = F_{xt}^2 = \gamma/\sqrt{\lambda} A_t^3 A_x^1$。

(5) 当 $A_x^1 = 0$ 时 (一般态，$T \geqslant T_{\mathrm{c}}$)，同位旋密度 $\tilde{d}_t^3$ 仅仅由视界弦产生，这可理解为共轭动量 $p_t^3$ 的位型。

(6) 在超导态，$A_x^1 \neq 0$，即 $T < T_{\mathrm{c}}$，动量 $p_t^3$ 不再为常数。其值朝着共形边界单调增加，渐近于 $\tilde{d}_t^3$。因此，同位旋电荷不仅在视界处，而且在整个 bulk 都可以产生。这减少了视界处的同位旋电荷，从而使得系统变得稳定。

(7) 因此，$D7$-$D7$ 弦通过降低同位旋电荷密度使得超导相变得稳定。此外，由于 $D7$-$D7$ 弦破坏了 $U(1)_3$ 对称性，也可理解为对偶于场论中的库珀对。

# 4 全息和平移对称性破缺

平移对称性意味着动量守恒。潜在的平移不变意味着电荷载流子在任何地方都没办法耗散动量，从而导致零频时电导率的虚部发散，实部存在一 delta 函数。这使得无法通过电导率区分物质的正常态和超导态，也难于理解其他一些有趣的问题，如直流电阻率的温度依赖。目前，全息实现平移对称性破缺，通常有三种方法。一是在共形边界上手动导入非均匀的化学势或标量场的源，从而诱导出不均匀的 bulk 几何，导致 bulk 格点解。二是在作用量中引入拓扑项，使得平移对称性自发破缺，导致了条纹黑洞解，从而在边界上诱导出空间周期调制的真空期待值，对应凝聚态物理中的荷密度波。三是通过导入一引力子质量项，使得移位对称性破缺，从而破坏了平移对称性。本章将分别介绍此三种平移对称性破缺及其在全息引力中的应用。

## 4.1 电导率和全息格点

通常，可以通过两种方式构建全息格点背景。一是导入周期边界条件的中性标量场，称为标量格点。另一类全息格点背景是通过边界上周期性化学势诱导的，称为离子格点。研究格点效应可以通过扰动方法[92~96]，也可以利用 Einstein-Deturck 方法数值构建全息格点背景[97~101]。本节主要介绍利用数值方法构建全息格点背景。

### 4.1.1 标量格点

构建标量格点，可考虑如下作用量

$$S=\frac{1}{16\pi G_N}\int \mathrm{d}^4x\sqrt{-g}\left[R+\frac{6}{L^2}-\frac{1}{2}F_{ab}F^{ab}-2\nabla_a\Phi\nabla^a\Phi-4V(\Phi)\right] \tag{4-1}$$

选择质量为 $m^2=-2/L^2$ 的标量场，即

$$V(\Phi)=-\frac{\Phi^2}{L^2} \tag{4-2}$$

利用变分原理，可以导出如下的运动方程

$$R_{ab} + 3g_{ab} - 2\left(\nabla_a \Phi \nabla_b \Phi - \Phi^2 g_{ab}\right) - \left(F_{ac}F_b{}^c - \frac{g_{ab}}{4}F_{cd}F^{cd}\right) = 0 \tag{4-3}$$

$$\nabla_a F^a_{\ b} = 0 \tag{4-4}$$

$$\nabla^2 \Phi + 2\Phi = 0 \tag{4-5}$$

下面将讨论如何通过边界上空间不均匀的中性标量场 $\Phi$ 的源来诱导出 bulk 中的引力格点背景。趋向 AdS 边界 ($u \to 0$)，标量场 $\Phi$ 渐近行为为

$$\Phi = u\phi_1 + u^2\phi_2 \tag{4-6}$$

根据 AdS/CFT 对偶词典，认同 $\phi_1$ 为对偶于 $\Phi$ 维数为 2 的算符的源 $O_\phi$，而 $\phi_2$ 代表真空期待值 $\langle O_\phi \rangle$。通常，不均匀的静态解通过 $\phi_1 = \phi_1(x,y)$ 作为源。但是，为了简单起见，在此仅仅考虑 $x$ 方向的格点，而 $y$ 方向保持平移对称性不变。所以，可以选择如下的源

$$\phi_1(x) = A_0 \cos(k_0 x) \tag{4-7}$$

式中，$k_0$ 为格点波矢量，而 $A_0$ 为振幅。波矢量 $k_0$ 和格点长度 $l$ 之间的关系为 $k_0 = 2\pi/l$。

考虑到背景是静态的且沿 $y$ 方向平移不变，背景将仅仅依赖于坐标 $x$ 和 $u$。满足此对称性的最普遍的静态荷电黑膜解为

$$\begin{aligned} \mathrm{d}s^2 = &\frac{1}{u^2}\Big\{-(1-u)P(u)Q_{tt}(x,u)\mathrm{d}t^2 + \frac{Q_{uu}(x,u)\mathrm{d}u^2}{P(u)(1-u)} + \\ &Q_{xx}(x,u)[\mathrm{d}x + u^2 Q_{xu}(x,u)\mathrm{d}u]^2 + Q_{yy}(x,u)dy^2\Big\} \\ A = &(1-u)\psi(x,u)\mathrm{d}t \end{aligned} \tag{4-8}$$

其中

$$P(u) = 1 + u + u^2 - \frac{\mu_1^2 u^3}{2} \tag{4-9}$$

特别的，在视界处 ($u = 1$)，要求

$$Q_{tt}(x,1) = Q_{uu}(x,1) \tag{4-10}$$

而在共形边界 $u=0$ 处，要求

$$Q_{tt}(x,0)=Q_{uu}(x,0)=Q_{xx}(x,0)=Q_{yy}(x,0)=1$$

$$Q_{xu}(x,0)=0, \psi(x,0)=\mu \tag{4-11}$$

因此，这样一个几何渐近于 AdS 时空。其温度为

$$T=\frac{P(1)}{4\pi}=\frac{6-\mu_1^2}{8\pi} \tag{4-12}$$

利用 Einstein-DeTurck 方法，可以数值解式 4-3。关于 Einstein-DeTurck 方法的详细讨论，可以参考文献 [102]、[103]。通常，首先利用标准的拟谱法将偏微分方程转换为非线性的代数方程，然后采用牛顿–拉普森方法对非线性有限元方程组进行了迭代求解。关于背景几何的数值解，可参考文献 [97]、[98]、[100]。

从式 4-7 中可以看到，标量场的周期为 $2\pi/k_0$。但是，由于爱因斯坦方程中，标量场是以平方的形式出现的，所以所有的度规分量和规范场的周期为标量场周期的 1/2，即 $\pi/k_0$。

### 4.1.2 离子格点

相比标量格点，离子格点更简单。设式 4-1 中的标量场为 0，而仅仅对化学势施加一个空间变化的边界条件

$$\psi(x,0)=\mu[1+A_0\cos(k_0 x)] \tag{4-13}$$

和上一小节所讨论的一样，利用 Einstein-Deturck 方法，数值解耦合的爱因斯坦 - 麦克斯韦场方程，可得到全息离子格点背景解。关于背景几何的数值解，可参考文献 [98]、[100]。

### 4.1.3 电导率

利用全息方法研究格点效应对电导率的影响，需要考虑格点背景的扰动。在此，以标量格点为例讨论。做如下扰动展开

$$g_{ab}=g_{ab}^{(0)}+h_{ab}, \qquad A_a=A_a^{(0)}+b_a, \qquad \Phi=\Phi^{(0)}+\eta \tag{4-14}$$

式中，$g_{ab}^{(0)}$、$A_a^{(0)}$ 和 $\Phi^{(0)}$ 为背景量；$h_{ab}$、$b_a$ 和 $\eta$ 为扰动量。因为在 $y$ 方向上平移对称性保持，可以设 $b_y$、$h_{ty}$、$h_{uy}$ 和 $h_{xy}$ 为零，并且剩余的量与 $y$ 无关。因此，仅仅有 11 个未知函数 $\{h_{tt}, h_{tu}, h_{tx}, h_{uu}, h_{ux}, h_{xx}, h_{yy}, b_t, b_u, b_x, \eta\}$。同时，由于背景在时间平移的基灵 (Killing) 矢量场 $\partial_t$ 是不变的，所以可以对扰动进行傅里叶分解：$h_{ab}(t,x,u) = \tilde{h}_{ab}(x,u)\mathrm{e}^{-i\omega t}$，$b_a(t,x,u) = \tilde{b}_a(x,u)\mathrm{e}^{-i\omega t}$ 和 $\eta(t,x,u) = \tilde{\eta}(x,u)\mathrm{e}^{-i\omega t}$。

边界 CFT 的光学电导率定义如下

$$\tilde{\sigma}(\omega,x) \equiv \lim_{u\to 0}\frac{f_{ux}}{f_{xt}} \tag{4-15}$$

关于电导率的定义，指出下面三点。首先，$f_{\mu\nu} = \partial_\mu b_\nu - \partial_\nu b_\mu$，所以，电导率 $\tilde{\sigma}(\omega,x)$ 具有局域的 $U(1)$ 对称性。其次，$f_{xt}$ 为电场，而 $f_{ux}$ 可以解释为电流，并且在背景解 (式 4-8) 的情况下，$f_{ux}$ 为零，所以电导率 $\tilde{\sigma}(\omega,x)$ 也是规范不变的。第三，边界场论的电导率通常应该是 $x$ 的函数。但是因为在此将加一个均匀的边界电场，所以关注电导率的均匀部分即可。

下面，将讨论边界 $u=0$ 处的边界条件。首先，为了不改变边界化学势和格点，可分别要求当 $u\to 0$ 时，$\tilde{b}_t = 0$ 和 $\tilde{\eta} = 0$。其次，要求边界上 $\tilde{b}_x$ 为常数。根据 $f_{xt} = \partial_x b_t - \partial_t b_x = i\omega b_x$，相当于在边界上加一个均匀的电场。由于研究的是偏微分方程的线性系统，可以设边界上的 $\tilde{b}_x$ 为 1。这些边界条件诱导处 $\tilde{b}$ 和 $\tilde{\eta}$ 有如下的渐近行为

$$\begin{aligned}
&\tilde{b}_t(x,u) = O(u^2), \quad \tilde{b}_x(x,u) = 1 + j_x(x)u + O(u^2)\\
&\tilde{b}_u(u,z) = O(u^2), \quad \tilde{\eta}(x,u) = O(u^2)
\end{aligned} \tag{4-16}$$

从而，电导率有如下的简单表达

$$\tilde{\sigma}(\omega,x) = \frac{j_x(x)}{i\omega} \tag{4-17}$$

数值结果表明，在高频阶段，格点电导率和没有格点时的电导率是一致的。但是，在低频时，格点效应巨大地影响着电导率。电导率的虚部大大地被压低，与此相应的，没格点时实部上的零频 delta 函数为格点所弥散。

定量地，低频的格点电导率可以通过如下形式的电导率的 Drude 公式拟合

$$\sigma(\omega)=\frac{K\tau}{1-i\omega\tau} \tag{4-18}$$

式中，$\tau$ 为散射时间；$K$ 为整体振幅，两者皆为常数。对于不同的温度和格点间隔，Drude 公式都能很好地保持。由于零频的 Delta 函数弥散，从而全息格点模型给出了定义明确的直流电阻率，$\rho=(K\tau)^{-1}$。本质上，Drude 振幅 $K$ 独立于温度 $T$。因此，电阻率 $\rho(T)$ 对温度的依赖来自散射时间 $\tau$。

当 $\omega/T<1$ 时，Drude 峰拟合得相当好。但是，对于 $\omega/T>1$，光学电导率在中红外范围展现了幂次下降

$$|\sigma(\omega)|=\frac{B}{\omega^{2/3}}+C \tag{4-19}$$

幂指数为 $-2/3$，并独立于模型参数。相角不敏感于频率 $\omega$。当 $k_0$ 从 1 变化到 3 时，相角在 $65^\circ\sim 80^\circ$ 间变化。

全息格点电导率的两个标志性特点 (低频 Drude 峰和中红外的幂次律) 和铜氧化物的实验结果吻合得很好[104~106]。但是，全息格点模型和铜氧化物中的电导率行为在中红外区有一主要的差异：全息格点电导率要求一个偏置常数 $C$，而在铜氧化物的情况则没观察到这样的偏置常数[104]。

对比于平移对称性的情况，格点光学电导率的另一个特征是共振现象。在凝聚态物理中，电导率的共振现象也是普遍的。它们来自携带偶极动量的玻色准粒子，如声子或激子[107]。在当前情况中，共振归因于条纹黑洞的准正模。对于均匀情况，由于计算电导率所需的扰动退耦于准正模，并没观测到准正模的效应。但对于格点背景，情况不一样。因为所有的模耦合在一起，一个均匀的反称的电场也激发波数为 $k$ 的准正模 ($k=nk_0$，$n$ 为整数)。

### 4.1.4 全息格点超导

关于全息格点超导模型可参考文献 [99]，本小节仅做一简单介绍。构建全息格点超导模型，可令式 4-1 中的中性标量场 $\Phi$ 为零，而加上

复标量场 $\Psi$ 的作用量 (式 3-2)。通过对化学势施加一个空间变化的边界条件 (式 4-13) 来导入格点效应。正常相的拟设采用式 4-8。但是为了寻找漪涟的超导态解，必须改变拟设 (式 4-8)。这是因为式 4-8 在温度 $T=0$ 时，熵非零。一般的全息超导模型是零温零熵的，并且，温度降低，熵减少，因此遵守热力学第三定律。满足上面特点的黑膜几何可设为[99]

$$\mathrm{d}s^2 = \frac{1}{u^2}\left\{-H_1 y_+^2(1-u)\mathrm{d}t^2 + \frac{H_2 \mathrm{d}u^2}{1-u} + y_+^2\left[S_1(\mathrm{d}x + F\mathrm{d}u)^2 + S_2\mathrm{d}y^2\right]\right\} \tag{4-20}$$

因此，在此模型中，共七个关于 $x$、$u$ 的函数 $H_{1,2}$、$S_{1,2}$、$F$、$\psi$、$\Psi$。此七个函数通过数值方法确定。霍金温度为 $T=\dfrac{y_+}{4\pi}$。

在上面的拟设下，解运动方程，可得到漪涟的带毛荷电黑膜。从荷电的复标量场 $\Psi$ 的渐近行为可读出对偶场论凝聚的期待值。凝聚为 $x$ 的函数，通常可取其平均值。凝聚的平均值和均匀全息超导的形状类似，当温度低于临界温度 $T_\mathrm{c}$ 时，凝聚快速增大，而在低温时，几乎平行于横坐标。

类似于 4.1.3 小节，对度归、规范场和标量场做扰动展开。解扰动方程，可得相应的对偶场论的电导率。结果表明，此时电导率虚部在 $\omega=0$ 处为无限大，表明电导率实部在 $\omega=0$ 处有一 delta 函数。这一结果再一次确认此模型为一超导体。在低频范围，电导率可由下面形式拟合

$$\sigma(\omega) = i\frac{\rho_s}{\omega} + \frac{\rho_n \tau}{1 - i\omega\tau} \tag{4-21}$$

电导率的第一部分为超流分量，$\rho_s$ 为超流密度。第二部分为一般态分量，$\rho_n$ 为一般态密度，$\tau$ 为弛豫时间。上面电导率的公式表明，此全息超导模型代表两流体模型。随着温度的降低，虚部处的极值迅速增加，几乎淹没一般态的 Drude 行为。更详细的拟合以及其他特征，可参考文献 [99]，在此不详述。

## 4.2 全息格点费米谱函数

在本节，将研究格点背景 (式 4-8) 下，质量为 $m$，电荷为 $q$ 的费米谱函数。因为在格点背景下，度归不再是对角的，狄拉克方程的表达形式将比对角度归的情况复杂。本节将重点介绍非对角度归狄拉克方程的导出，然后简单介绍费米谱函数的特点。

### 4.2.1 狄拉克方程

费米场的作用量为式 2-1。首先在和式 4-8 相容的更普遍的背景下导出狄拉克方程。考虑如下静态背景

$$\begin{aligned}\mathrm{d}s^2 =& -g_{tt}(x,u)\mathrm{d}t^2 + g_{zz}(x,u)\mathrm{d}u^2 + g_{xx}(x,u)\mathrm{d}x^2 + \\ & g_{yy}(x,u)\mathrm{d}y^2 + 2g_{xu}(x,u)\mathrm{d}x\mathrm{d}u \\ A =& A_t(x,u)\mathrm{d}t\end{aligned} \tag{4-22}$$

为后面计算方便，给出上面度归的逆度归

$$\begin{aligned}&\tilde{g}^{00} = -\frac{1}{g_{tt}}, \quad \tilde{g}^{11} = \frac{g_{uu}}{-g_{xu}^2 + g_{xx}g_{uu}}, \quad \tilde{g}^{22} = \frac{1}{g_{yy}} \\ &\tilde{g}^{33} = \frac{g_{xx}}{-g_{xu}^2 + g_{xx}g_{uu}}, \quad \tilde{g}^{13} = \tilde{g}^{31} = -\frac{g_{xu}}{-g_{xu}^2 + g_{xx}g_{uu}}\end{aligned} \tag{4-23}$$

由于度规非对角，对偶基底的选择要比式 2-7 复杂。比较式 4-22 和式 2-6，可选如下的对偶基底

$$\begin{aligned}&(e^0)_a = \sqrt{g_{tt}}(\mathrm{d}t)_a, \qquad (e^1)_a = \sqrt{g_{xx}}(\mathrm{d}x)_a + \frac{g_{xu}}{\sqrt{g_{xx}}}(\mathrm{d}u)_a \\ &(e^2)_a = \sqrt{g_{yy}}(\mathrm{d}y)_a, \qquad (e^3)_a = -\sqrt{g_{uu} - \frac{g_{xu}^2}{g_{xx}}}(\mathrm{d}u)_a\end{aligned} \tag{4-24}$$

利用式 2-8，可以计算相应的正交归一矢量基如下

$$\begin{aligned}&(e_0)^a = \frac{1}{\sqrt{g_{tt}}}\left(\frac{\partial}{\partial t}\right)^a, \ (e_1)^a = \frac{1}{\sqrt{g_{xx}}}\left(\frac{\partial}{\partial x}\right)^a, \ (e_2)^a = \frac{1}{\sqrt{g_{yy}}}\left(\frac{\partial}{\partial y}\right)^a \\ &(e_3)^a = -\sqrt{\frac{g_{xx}}{g_{xx}g_{uu} - g_{xu}^2}}\left(\frac{\partial}{\partial u}\right)^a + \frac{g_{xu}}{\sqrt{g_{xx}(g_{xx}g_{uu} - g_{xu}^2)}}\left(\frac{\partial}{\partial x}\right)^a\end{aligned} \tag{4-25}$$

作为例子，给出 $(e_3)^a$ 的计算过程

$$(e_3)^a = (e^3)_b g^{ab}\eta_{33} = -\sqrt{g_{uu} - \frac{g_{xu}^2}{g_{xx}}} g^{ab}(\mathrm{d}u)_a = -\sqrt{g_{uu} - \frac{g_{xu}^2}{g_{xx}}} \tilde{g}^{3\nu}\left(\frac{\partial}{\partial x^\nu}\right)^a$$

$$= -\sqrt{\frac{g_{xx}}{g_{xx}g_{uu} - g_{xu}^2}}\left(\frac{\partial}{\partial u}\right)^a + \frac{g_{xu}}{\sqrt{g_{xx}(g_{xx}g_{uu} - g_{xu}^2)}}\left(\frac{\partial}{\partial x}\right)^a \tag{4-26}$$

此外，亦可以根据 $(e_\mu)^a(e^\nu)_a = \delta_\mu^\nu$ 进行检验。特别注意的是，对洛伦兹号差，也有 $\delta_0^0 = 1$。

根据式 2-4，可计算出自旋联络的非零分量

$$(\omega_{01})_a = -(\omega_{10})_a = -\frac{\partial_x g_{tt}}{2\sqrt{g_{tt}g_{xx}}}(\mathrm{d}t)_a$$

$$(\omega_{03})_a = -(\omega_{30})_a = \frac{g_{xx}\partial_z g_{tt} - g_{xz}\partial_x g_{tt}}{2\sqrt{g_{tt}g_{xx}(g_{xx}g_{uu} - g_{xu}^2)}}(\mathrm{d}t)_a$$

$$(\omega_{12})_a = -(\omega_{21})_a = -\frac{\partial_x g_{yy}}{2\sqrt{g_{xx}g_{yy}}}(\mathrm{d}y)_a$$

$$(\omega_{13})_a = -(\omega_{31})_a = \left(-\frac{\partial_u g_{xx}}{2\sqrt{g_{xx}g_{uu} - g_{xu}^2}} + \frac{2g_{xx}\partial_x g_{xu} - g_{xu}\partial_x g_{xx}}{2g_{xx}\sqrt{g_{xx}g_{uu} - g_{xu}^2}}\right)(\mathrm{d}x)_a +$$

$$\frac{g_{xx}\partial_x g_{uu} - g_{xu}\partial_u g_{xx}}{2g_{xx}\sqrt{g_{xx}g_{uu} - g_{xu}^2}}(\mathrm{d}u)_a$$

$$(\omega_{23})_a = -(\omega_{32})_a = \frac{g_{xu}\partial_x g_{yy} - g_{xx}\partial_u g_{yy}}{2\sqrt{g_{xx}g_{yy}(g_{xx}g_{uu} - g_{xu}^2)}}(\mathrm{d}y)_a \tag{4-27}$$

利用上式，式 2-13 可具体写为

$$-\sqrt{\frac{g_{xx}}{g_{xx}g_{uu} - g_{xu}^2}}\Gamma^3\partial_u\zeta + \frac{1}{\sqrt{g_{tt}}}\Gamma^0(\partial_t - iqA_t)\zeta +$$

$$\left[\frac{1}{\sqrt{g_{xx}}}\Gamma^1 + \frac{g_{xu}}{\sqrt{g_{xx}(g_{xx}g_{uu} - g_{xu}^2)}}\Gamma^3\right]\partial_x\zeta + \frac{1}{\sqrt{g_{yy}}}\Gamma^2\partial_y\zeta +$$

$$\left[\frac{\partial_x g_{tt}}{4g_{tt}\sqrt{g_{xx}}} + \frac{\partial_x g_{yy}}{4g_{yy}\sqrt{g_{xx}}} + \frac{\sqrt{g_{xx}}\partial_x g_{uu}}{4(g_{xx}g_{uu} - g_{xu}^2)} + \right.$$

$$\left.\frac{g_{xu}(g_{xu}\partial_x g_{xx} - 2g_{xx}\partial_x g_{xu})}{4g_{xx}^{3/2}(g_{xx}g_{uu} - g_{xu}^2)}\right] \times \Gamma^1\zeta -$$

$$\frac{1}{4\sqrt{g_{xx}(g_{xx}g_{uu}-g_{xu}^2)}}\times\left(\partial_u g_{xx}-2\partial_x g_{xu}+\frac{g_{xu}}{g_{xx}}\partial_x g_{xx}+\right.$$
$$\left.\frac{g_{xx}\partial_u g_{tt}-g_{xu}\partial_x g_{tt}}{g_{tt}}+\frac{g_{xx}\partial_u g_{yy}-g_{xu}\partial_x g_{yy}}{g_{yy}}\right)\Gamma^3\zeta-m\zeta=0 \tag{4-28}$$

类似于第 2 章对角度规的情况，做一个变换 $\zeta=(g_{tt}g_{xx}g_{yy})^{-\frac{1}{4}}\hat{F}$ 来简化方程。但是要注意的是，和对角度规情况不一样，在此并不能完全消掉狄拉克方程中的自旋联络项，只是使得方程表达更简单。最终，上面的狄拉克方程变为

$$-\sqrt{\frac{g_{xx}}{g_{xx}g_{uu}-g_{xu}^2}}\Gamma^3\partial_u\hat{F}+\frac{1}{\sqrt{g_{tt}}}\Gamma^0(\partial_t-iqA_t)\hat{F}+$$
$$\left[\frac{1}{\sqrt{g_{xx}}}\Gamma^1+\frac{g_{xu}}{\sqrt{g_{xx}(g_{xx}g_{uu}-g_{xu}^2)}}\Gamma^3\right]\partial_x\hat{F}+$$
$$\frac{1}{\sqrt{g_{yy}}}\Gamma^2\partial_y\hat{F}+\left[-\frac{\partial_x g_{xx}}{4g_{xx}^{3/2}}+\frac{\sqrt{g_{xx}}\partial_x g_{uu}}{4(g_{xx}g_{uu}-g_{xu}^2)}+\right.$$
$$\left.\frac{g_{xu}(g_{xu}\partial_x g_{xx}-2g_{xx}\partial_x g_{xu})}{4g_{xx}^{3/2}(g_{xx}g_{uu}-g_{xu}^2)}\right]\Gamma^1\hat{F}+$$
$$\frac{1}{4\sqrt{g_{xx}(g_{xx}g_{uu}-g_{xu}^2)}}\left(2\partial_x g_{xu}-2\frac{g_{xu}}{g_{xx}}\partial_x g_{xx}\right)\Gamma^3\hat{F}-m\hat{F}=0 \tag{4-29}$$

做傅里叶展开 $\hat{F}$ 为 $\hat{F}=F(x,u)\mathrm{e}^{-i\omega t+ik_ix^i}$，狄拉克方程进一步变为

$$\Delta_3\Gamma^3F+\Delta_0\Gamma^0F-\Delta_1\Gamma^1F-\Delta_2\Gamma^2F+mF=0 \tag{4-30}$$

在上式中，已定义

$$\Delta_3=:\frac{1}{\sqrt{g_{xx}(g_{xx}g_{zz}-g_{xu}^2)}}\left(g_{xx}\partial_z-g_{xu}\partial_x-ik_1g_{xu}-\right.$$
$$\left.\frac{1}{2}\partial_x g_{xu}+\frac{g_{xu}}{2g_{xx}}\partial_x g_{xx}\right)$$
$$\Delta_0=:i(\omega+qA_t)\frac{1}{\sqrt{g_{tt}}}$$

$$\Delta_1 =: \left[\frac{1}{\sqrt{g_{xx}}}\partial_x + \frac{ik_1}{\sqrt{g_{xx}}} - \frac{\partial_x g_{xx}}{4g_{xx}^{3/2}} + \frac{\sqrt{g_{xx}}\partial_x g_{uu}}{4(g_{xx}g_{uu} - g_{xu}^2)} + \right.$$
$$\left. \frac{g_{xu}(g_{xu}\partial_x g_{xx} - 2g_{xx}\partial_x g_{xu})}{4g_{xx}^{3/2}(g_{xx}g_{uu} - g_{xu}^2)}\right]$$
$$\Delta_2 =: \frac{ik_2}{\sqrt{g_{yy}}} \tag{4-31}$$

由于 $x$ 方向的平移对称性破缺，$F$ 为 $(x,u)$ 的函数。此外，和 $(x,y)$ 平面旋转对称的情况不一样，狄拉克方程依赖于四个伽马矩阵 $\Gamma^0$、$\Gamma^1$、$\Gamma^2$、$\Gamma^3$。伽马矩阵的选取如下

$$\Gamma^3 = \begin{pmatrix} -\sigma^3 & 0 \\ 0 & -\sigma^3 \end{pmatrix}, \ \Gamma^0 = \begin{pmatrix} i\sigma^1 & 0 \\ 0 & i\sigma^1 \end{pmatrix}$$
$$\Gamma^1 = \begin{pmatrix} -\sigma^2 & 0 \\ 0 & \sigma^2 \end{pmatrix}, \ \Gamma^2 = \begin{pmatrix} 0 & \sigma^2 \\ \sigma^2 & 0 \end{pmatrix} \tag{4-32}$$

做分解 $F = (F_1, F_2)^T$，并利用上面的伽马矩阵，狄拉克方程可写成二分量的形式

$$\Delta_3 \begin{pmatrix} F_1 \\ F_2 \end{pmatrix} - m\sigma^3 \otimes \begin{pmatrix} F_1 \\ F_2 \end{pmatrix} + \Delta_0\sigma^2 \otimes \begin{pmatrix} F_1 \\ F_2 \end{pmatrix} \pm$$
$$i\Delta_1\sigma^1 \otimes \begin{pmatrix} F_1 \\ F_2 \end{pmatrix} - i\Delta_2\sigma^1 \otimes \begin{pmatrix} F_2 \\ F_1 \end{pmatrix} = 0 \tag{4-33}$$

由于在 $(x,y)$ 平面不再对称，和第 2 章的情况不一样，在此，$F_1$ 和 $F_2$ 耦合。

进一步做分解

$$F_\alpha \equiv \begin{pmatrix} \hat{A}_\alpha \\ \hat{B}_\alpha \end{pmatrix} \tag{4-34}$$

式中，$\alpha = 1$、2。式 4-33 可写成四个相互耦合的方程

$$(\Delta_{30}\partial_u + \Delta_{31} \mp m)\begin{pmatrix} \hat{A}_1 \\ \hat{B}_1 \end{pmatrix} \mp i\Delta_0 \begin{pmatrix} \hat{B}_1 \\ \hat{A}_1 \end{pmatrix} + i\Delta_1 \begin{pmatrix} \hat{B}_1 \\ \hat{A}_1 \end{pmatrix} - i\Delta_2 \begin{pmatrix} \hat{B}_2 \\ \hat{A}_2 \end{pmatrix} = 0 \tag{4-35}$$

$$(\Delta_{30}\partial_u+\Delta_{31}\mp m)\begin{pmatrix}\hat{A}_2\\ \hat{B}_2\end{pmatrix}\mp i\Delta_0\begin{pmatrix}\hat{B}_2\\ \hat{A}_2\end{pmatrix}-i\Delta_1\begin{pmatrix}\hat{B}_2\\ \hat{A}_2\end{pmatrix}-i\Delta_2\begin{pmatrix}\hat{B}_1\\ \hat{A}_1\end{pmatrix}=0 \tag{4-36}$$

式中

$$\Delta_{30}=:\frac{g_{xx}}{\sqrt{g_{xx}(g_{xx}g_{uu}-g_{xu}^2)}}$$

$$\Delta_{31}=:\frac{-ik_1g_{xu}-\frac{1}{2}\partial_x g_{xu}+\frac{g_{xu}}{2g_{xx}}\partial_x g_{xx}}{\sqrt{g_{xx}(g_{xx}g_{uu}-g_{xu}^2)}} \tag{4-37}$$

如果背景场沿 $x$ 方向是周期的，并且其周期为 $c$。根据布洛克定理，狄拉克方程的解总可以展开为如下形式

$$\begin{pmatrix}\hat{A}_\alpha(x,u)\\ \hat{B}_\alpha(x,u)\end{pmatrix}=\sum_{n=0,\pm1,\pm2,\cdots}\begin{pmatrix}\hat{A}_{\alpha,n}(u)\\ \hat{B}_{\alpha,n}(u)\end{pmatrix}\mathrm{e}^{inKx} \tag{4-38}$$

式中，$K=\dfrac{2\pi}{c}$。

导出运动方程后，关键的将是视界处的边界条件以及共形边界格林函数的读法。为此，需要讨论具体的格点度规 (式 4-8)。在此背景拟设下，近视界的狄拉克方程约化为

$$\partial_u\begin{pmatrix}\hat{A}_{\alpha,n}\\ \hat{B}_{\alpha,n}\end{pmatrix}\pm\frac{\omega}{4\pi T}\cdot\frac{1}{1-u}\begin{pmatrix}\hat{B}_{\alpha,n}\\ \hat{A}_{\alpha,n}\end{pmatrix}=0 \tag{4-39}$$

因此，视界处为入射波的边界条件要求

$$\begin{pmatrix}\hat{A}_{\alpha,n}\\ \hat{B}_{\alpha,n}\end{pmatrix}=\begin{pmatrix}1\\ -i\end{pmatrix}(1-u)^{-\frac{i\omega}{4\pi T}} \tag{4-40}$$

另一方面，共形边界 $u\to 0$，狄拉克方程变为

$$(u\partial_u-m\sigma^3)\otimes\begin{pmatrix}F_{1,n}\\ F_{2,n}\end{pmatrix}=0 \tag{4-41}$$

所以，近 AdS 边界，狄拉克方程的解可以渐近展开为

$$F_{\alpha,n}\approx a_{\alpha,n}u^m\begin{pmatrix}1\\ 0\end{pmatrix}+b_{\alpha,n}u^{-m}\begin{pmatrix}0\\ 1\end{pmatrix} \tag{4-42}$$

根据 AdS/CFT 对偶，延迟格林函数可以通过如下表达式得到

$$a_{\alpha,n}(\beta,l) = G_{\alpha,n;\alpha',n'} b_{\alpha',n'}(\beta,l) \tag{4-43}$$

$a_{\alpha,n}(\beta,l)$ 和 $b_{\alpha',n'}(\beta,l)$ 是打开视界处 $(\beta,l)$ 模的入射波边界条件演化到边界处的渐近展开因子。

### 4.2.2 谱函数

在具体的格点背景度归 (式 4-8) 下，利用视界处的边界条件，可以解狄拉克方程，然后读出边界格林函数。利用谱函数定义

$$A(\omega, k_x = k_1 + nK, k_y = k_2) = \mathbf{Im}(G_{1,n;1,n} + G_{2,n;2,n}) \tag{4-44}$$

即可研究谱函数的特点。通常，可类似第 2 章中的方法，将狄拉克方程化为流方程，直接在共形边界上读出格林函数。但是当 $F_1$ 和 $F_2$ 耦合时，对偶场论中的格林函数是非对角的。此时，流方程将更复杂。通常，需要在视界处给出两套独立的边界条件来演化流方程[108]。此外，也可以直接解狄拉克的四分量方程，然后再抽取格林函数的信息。通常，第一种方法，数值上将更简单。但是如何组合成流方程，则比较麻烦。而第二种方法，只要导出狄拉克四分量方程，即可马上进行数值计算，但是数值上相对复杂些。文献 [108] 采用的是第一种方法，而文献 [101] 采用的是第二种方法。

研究谱函数的特点，首要的任务是找到费米面。但是非零温情况，费米面的定义是不明确的。在此，将利用操作性的定义找费米面[109, 110]，即在频率 $\omega$ 非常小的情况下寻找谱函数 $A(\omega, k_x, k_y)$ 的峰值所对应的动量。

关于全息格点费米谱函数的特点，总结如下❶：

(1) 椭圆费米面。在平移对称的情况下，费米面总是一个圆。由于平移对称性的破缺，费米面从圆变为椭圆，并且对标量格点的情况，椭圆的长轴为 $x$ 轴 (对称性破缺的方向)，而对离子格点的情况，椭圆的长轴为 $y$ 轴 (非对称性破缺的方向)。

❶ 详细的讨论，请参考文献 [101]。

(2) 利用全息的方法，在费米面和布里渊区边界交界处产生能隙结构。能隙结构在凝聚态物理中是由于周期性晶格对费米面所产生的效应。

### 4.2.3 其他非对角度归的自旋联络

在本小节，作为补充内容，给出在下一节条纹黑膜解[1]所讨论的度归拟设以及动态黑洞、Vaidya BTZ 黑洞的自旋联络。一旦有了自旋联络的表达，狄拉克方程按以上的程序，立即可得到。

首先讨论条纹黑膜解所讨论的度归拟设的情况。其相应的最普遍的静态度归拟设和规范场分别为

$$
\begin{aligned}
\mathrm{d}s^2 = & -g_{tt}(x,u)\mathrm{d}t^2 + g_{uu}(x,u)\mathrm{d}z^2 + g_{xx}(x,u)\mathrm{d}x^2 + g_{yy}(x,u)\mathrm{d}y^2 + \\
& 2g_{ty}(x,u)\mathrm{d}t\mathrm{d}y + 2g_{xu}(x,u)\mathrm{d}x\mathrm{d}u \\
A_a = & A_t(x,u)(\mathrm{d}t)_a + A_y(x,u)(\mathrm{d}y)_a
\end{aligned} \tag{4-45}
$$

相比式 4-22，式 4-45 多一非对角项 $2g_{ty}(x,u)\mathrm{d}t\mathrm{d}y$。类似前面的讨论，对偶基底可选为

$$
\begin{aligned}
(e^0)_a &= \sqrt{g_{tt} + \frac{g_{ty}^2}{g_{yy}}}(\mathrm{d}t)_a, \qquad (e^1)_a = \sqrt{g_{xx}}(\mathrm{d}x)_a + \frac{g_{xu}}{\sqrt{g_{xx}}}(\mathrm{d}u)_a \\
(e^2)_a &= \sqrt{g_{yy}}(\mathrm{d}y)_a + \frac{g_{ty}}{\sqrt{g_{yy}}}(\mathrm{d}t)_a, \qquad (e^3)_a = -\sqrt{g_{uu} - \frac{g_{xu}^2}{g_{xx}}}(\mathrm{d}u)_a
\end{aligned} \tag{4-46}
$$

利用式 2-8，可以计算相应的正交归一矢量基如下

$$
\begin{aligned}
(e_0)^a &= e_{0t}\left(\frac{\partial}{\partial t}\right)^a + e_{0y}\left(\frac{\partial}{\partial y}\right)^a, \qquad (e_1)^a = e_{1x}\left(\frac{\partial}{\partial x}\right)^a \\
(e_2)^a &= e_{2y}\left(\frac{\partial}{\partial y}\right)^a, \qquad (e_3)^a = e_{3u}\left(\frac{\partial}{\partial u}\right)^a + e_{3x}\left(\frac{\partial}{\partial x}\right)^a
\end{aligned} \tag{4-47}
$$

[1] 考虑全反作用的情况。

在上面表达中，已定义

$$e_{0t}=\sqrt{\frac{g_{yy}}{g_{tt}g_{yy}+g_{ty}^2}},\quad e_{0y}=-\frac{g_{ty}}{\sqrt{g_{yy}(g_{tt}g_{yy}+g_{ty}^2)}},\quad e_{1x}=\frac{1}{\sqrt{g_{xx}}}$$

$$e_{3u}=-\sqrt{\frac{g_{xx}}{g_{xx}g_{uu}-g_{xu}^2}},\quad e_{3x}=\frac{g_{xu}}{\sqrt{g_{xx}(g_{xx}g_{uu}-g_{xu}^2)}},\quad e_{2y}=\frac{1}{\sqrt{g_{yy}}} \tag{4-48}$$

根据式 2-4，可计算出自旋联络的非零分量

$$(\omega_{01})_a=\omega_{01t}(\mathrm{d}t)_a+\omega_{01y}(\mathrm{d}y)_a,\qquad (\omega_{02})_a=\omega_{02u}(\mathrm{d}u)_a+\omega_{02x}(\mathrm{d}x)_a$$
$$(\omega_{03})_a=\omega_{03t}(\mathrm{d}t)_a+\omega_{03y}(\mathrm{d}y)_a,\qquad (\omega_{12})_a=\omega_{12t}(\mathrm{d}t)_a+\omega_{12y}(\mathrm{d}y)_a$$
$$(\omega_{13})_a=\omega_{13u}(\mathrm{d}u)_a+\omega_{13x}(\mathrm{d}x)_a,\qquad (\omega_{23})_a=\omega_{23t}(\mathrm{d}t)_a+\omega_{23y}(\mathrm{d}y)_a \tag{4-49}$$

其中

$$\omega_{01t}=-\frac{g_{yy}\partial_x g_{tt}+g_{ty}\partial_x g_{ty}}{2\sqrt{g_{xx}g_{yy}(g_{ty}^2+g_{tt}g_{yy})}},\quad \omega_{01y}=\frac{g_{yy}\partial_x g_{ty}-g_{ty}\partial_x g_{yy}}{2\sqrt{g_{xx}g_{yy}(g_{ty}^2+g_{tt}g_{yy})}}$$

$$\omega_{02u}=\frac{g_{yy}\partial_u g_{ty}-g_{ty}\partial_u g_{yy}}{2g_{yy}\sqrt{g_{ty}^2+g_{tt}g_{yy}}},\quad \omega_{02x}=\frac{g_{yy}\partial_x g_{ty}-g_{ty}\partial_x g_{yy}}{2g_{yy}\sqrt{g_{ty}^2+g_{tt}g_{yy}}}$$

$$\omega_{03t}=\frac{g_{xx}(g_{yy}\partial_u g_{tt}+g_{ty}\partial_u g_{ty})-g_{xu}(g_{yy}\partial_x g_{tt}+g_{ty}\partial_x g_{ty})}{2\sqrt{g_{xx}g_{yy}(g_{ty}^2+g_{tt}g_{yy})(g_{xx}g_{uu}-g_{xu}^2)}}$$

$$\omega_{03y}=-\frac{g_{xx}(g_{yy}\partial_u g_{ty}-g_{ty}\partial_u g_{yy})-g_{xu}(g_{yy}\partial_x g_{ty}-g_{ty}\partial_x g_{yy})}{2\sqrt{g_{xx}g_{yy}(g_{ty}^2+g_{tt}g_{yy})(g_{xx}g_{uu}-g_{xu}^2)}}$$

$$\omega_{12t}=-\frac{\partial_x g_{ty}}{2\sqrt{g_{xx}g_{yy}}},\quad \omega_{12y}=-\frac{\partial_x g_{yy}}{2\sqrt{g_{xx}g_{yy}}}$$

$$\begin{aligned}\omega_{13u}=&-\frac{1}{2\sqrt{g_{xx}}(g_{xx}g_{uu}-g_{xu}^2)^{3/2}}\{-g_{xu}^3\partial_u g_{xx}+2g_{xx}g_{xu}g_{uu}\partial_u g_{xx}+\\&\sqrt{g_{xx}}g_{xu}(g_{xu}\partial_x g_{uu}-g_{uu}\partial_u g_{xx})-g_{xx}^{3/2}[g_{uu}(\partial_x g_{uu}-2\partial_u g_{xu})+\\&g_{xu}\partial_u g_{uu}]+g_{xx}^2(-2g_{uu}\partial_u g_{xu}+g_{xu}\partial_u g_{uu})\}\end{aligned}$$

$$\omega_{13x}=-\frac{1}{2\sqrt{g_{xx}}(g_{xx}g_{uu}-g_{xu}^2)^{3/2}}[-g_{xu}^3\partial_x g_{xx}+g_{xu}(-\sqrt{g_{xx}}g_{uu}\partial_x g_{xx}+$$

$$2g_{xx}g_{uu}\partial_x g_{xx} - g_{xx}^{3/2}\partial_x g_{uu} + g_{xx}^2\partial_x g_{uu}) +$$
$$\sqrt{g_{xx}}g_{xu}^2(2\partial_x g_{xu} - \partial_u g_{xx}) + g_{xx}^{3/2}g_{uu}(-2\sqrt{g_{xx}}\partial_x g_{xu} + \partial_u g_{xx})]$$
$$\omega_{23t} = \frac{g_{xu}\partial_x g_{ty} - g_{xx}\partial_u g_{ty}}{2\sqrt{g_{xx}g_{yy}(g_{xx}g_{uu} - g_{xu}^2)}}, \quad \omega_{23y} = \frac{g_{xu}\partial_x g_{yy} - g_{xx}\partial_u g_{yy}}{2\sqrt{g_{xx}g_{yy}(g_{xx}g_{uu} - g_{xu}^2)}} \tag{4-50}$$

而对于 Vaidya BTZ 黑洞度归

$$\mathrm{d}s^2 = \frac{1}{Z^2}(-\mathrm{d}U^2 - 2\mathrm{d}U\mathrm{d}Z + \mathrm{d}X^2) \tag{4-51}$$

其逆度归为

$$g^{UZ} = -Z^2, \quad g^{XX} = -Z^2, \quad g^{ZZ} = -Z^2 \tag{4-52}$$

对偶基底可选为

$$(e^0)_a = \frac{1}{Z}(\mathrm{d}U)_a + \frac{1}{Z}(\mathrm{d}Z)_a, \quad (e^1)_a = \frac{1}{Z}(\mathrm{d}X)_a, \quad (e^2)_a = \frac{1}{Z}(\mathrm{d}Z)_a \tag{4-53}$$

利用式 2-8，可以计算相应的正交归一矢量基如下

$$(e_0)^a = Z\left(\frac{\partial}{\partial U}\right)^a, \quad (e_1)^a = Z\left(\frac{\partial}{\partial x}\right)^a$$
$$(e_2)^a = Z\left(\frac{\partial}{\partial U}\right)^a + Z\left(\frac{\partial}{\partial Z}\right)^a \tag{4-54}$$

有了对偶基底及其相应的正交归一矢量基，根据式 2-4，可计算出自旋联络的非零分量

$$(\omega_{02})_a = \frac{1}{Z}(\mathrm{d}U)_a + \frac{1}{Z}(\mathrm{d}Z)_a, \quad (\omega_{12})_a = -\frac{1}{Z}(\mathrm{d}X)_a \tag{4-55}$$

## 4.3 条纹黑膜解和荷密度波

本节将简单介绍条纹黑洞解和荷密度波。和上一小节讨论格点的情况不一样，本节将通过引入拓扑项而导致了平移对称性的自发破缺，从而产生从 RN 黑膜几何到条纹黑洞几何的相变。在此强调，本节讨论的是自发对称破缺，而在格点的情况，通过共形边界上手动破坏标

量场的源或化学势，而在 bulk 里面产生周期性的格点解。在此则设源项为零。通常要得到条纹黑膜解，可类似格点的情况数值解耦合的爱因斯坦场方程，麦克斯韦方程和标量场方程，在此，不做详细讨论，仅介绍近视界几何 $AdS_2$ 的扰动不稳定性，而关于 $AdS_4$ 的扰动不稳定性可类似讨论。

### 4.3.1 爱因斯坦–麦克斯韦–赝标量模型

考虑四维的爱因斯坦–麦克斯韦–赝标量模型，其作用量如下

$$S =\frac{1}{2\kappa^2}\int \mathrm{d}^4x\sqrt{-g}\left[\frac{1}{2}R-\frac{1}{2}\partial^\mu\Psi\partial_\mu\Psi-V(\Psi)-\frac{1}{4}W(\Psi)F^{\mu\nu}F_{\mu\nu}-\right.$$
$$\left.\frac{1}{4}\cdot\frac{1}{\sqrt{-g}}U(\Psi)\varepsilon^{\mu\nu\rho\sigma}F_{\mu\nu}F_{\rho\sigma}\right]$$

在上面的作用量中，导入了拓扑项 $\frac{1}{4}\cdot\frac{1}{\sqrt{-g}}U(\Psi)\varepsilon^{\mu\nu\rho\sigma}F_{\mu\nu}F_{\rho\sigma}$。拓扑项在取得不稳定的调制模中扮演重要的角色。此外，要提醒读者的是，在上面的作用量中，为了和大部分关于条纹黑洞解的约定一致，标量曲率 $R$ 前面乘以因子 1/2。这和一般引力作用量的写法不一样，从而也导致了下面当 $\Psi=0$ 时，运动方程给出的 RN-AdS 黑洞解的红移因子 $f$ 和一般情况不一样。

利用变分原理，可以从式 4-56 中导出爱因斯坦运动方程、麦克斯韦方程和标量场方程，分别如下

$$R_{\mu\nu}-g_{\mu\nu}\left(\frac{1}{2}R-\frac{1}{2}\partial^\rho\Psi\partial_\rho\Psi-V(\Psi)-\frac{1}{4}W(\Psi)F^{\rho\sigma}F_{\rho\sigma}\right)-$$
$$\partial_\mu\Psi\partial_\nu\Psi-W(\Psi)F_{\mu\rho}F_\nu{}^\rho=0 \tag{4-56}$$

$$\nabla_\mu(W(\Psi)F^{\mu\nu})+\frac{1}{\sqrt{-g}}\nabla_\mu(U(\Psi)\epsilon^{\mu\nu\rho\sigma}F_{\rho\sigma})=0 \tag{4-57}$$

$$\nabla_\mu\nabla^\mu\Psi-V'(\Psi)-\frac{1}{4}W'(\Psi)F^{\mu\nu}F_{\mu\nu}- \tag{4-58}$$
$$\frac{1}{4}\cdot\frac{1}{\sqrt{-g}}U'(\Psi)\varepsilon^{\mu\nu\rho\sigma}F_{\mu\nu}F_{\rho\sigma}=0$$

上面方程中的“′”代表对标量场 $\Psi$ 的导数。也可以对爱因斯坦场方

程求迹，得到标量曲率

$$R = \partial^\rho \Psi \partial_\rho \Psi + 4V(\Psi) \tag{4-59}$$

然后将上面的标量曲率代回式 4-56，消掉 $R$，从而简化了爱因斯坦场方程

$$R_{\mu\nu} = \partial_\mu \Psi \partial_\nu \Psi + g_{\mu\nu} V(\Psi) - W(\Psi)\left(\frac{1}{4} g_{\mu\nu} F^2 - F_{\mu\rho} F_\nu{}^\rho\right) \tag{4-60}$$

为简单，我们考虑如下具体的例子

$$V(\Psi) = -6 + \frac{1}{2} m^2 \Psi^2, \quad W(\Psi) = 1, \quad U(\Psi) = \frac{1}{2}\beta\Psi \tag{4-61}$$

明显，当标量场 $\Psi = 0$ 时，式 4-56~ 式 4-58 给出 RN-AdS 黑洞解

$$\begin{aligned} \mathrm{d}s^2 &= \frac{1}{u^2}\left[-f(u)\mathrm{d}t^2 + \frac{\mathrm{d}u^2}{f(u)} + \mathrm{d}x^2 + \mathrm{d}y^2\right] \\ f(u) &= \frac{1}{2}(1-u)(4+4u+4u^2-\mu^2 u^3), \quad A_t = \mu(1-u) \end{aligned} \tag{4-62}$$

相应的，黑洞的霍金温度为

$$T = \frac{1}{8\pi}(12 - \mu^2) \tag{4-63}$$

在极端黑洞的情况 ($\mu = \sqrt{12}$)，黑洞 (式 4-62) 的近视界几何为 $\mathrm{AdS}_2 \times \mathbb{R}^2$

$$\mathrm{d}s^2_{\mathrm{AdS}_2} = \frac{L_2^2}{\zeta^2}(-\mathrm{d}t^2 + \mathrm{d}\zeta^2) + \mathrm{d}x^2 + \mathrm{d}y^2 \tag{4-64}$$

其中 $L_2 = 1/\sqrt{12}$，并且我们已经做了一个坐标变换

$$\zeta = \frac{1}{12(1-u)} \tag{4-65}$$

此时，规范场为

$$A_t = \frac{1}{\sqrt{12}\zeta} \tag{4-66}$$

### 4.3.2 $AdS_2 \times \mathbb{R}^2$ 的扰动不稳定性

本节将介绍 $AdS_2 \times \mathbb{R}^2$ 的扰动不稳定性。为了得到对偶场论的空间调制的真空期待值，考虑如下扰动

$$\delta g_{ty} = h_{ty}(t,\zeta)\sin(kx) \tag{4-67}$$

$$\delta g_{xy} = h_{xy}(t,\zeta)\cos(kx) \tag{4-68}$$

$$\delta A_y = a_y(t,\zeta)\sin(kx) \tag{4-69}$$

$$\delta \Psi = \psi(t,\zeta)\cos(kx) \tag{4-70}$$

关于上面的扰动，做几点简要的说明：(1) 由于 $(x,y)$ 平面上的旋转对称性，不失一般性，已经设 $k_y = 0$，$k_x = k$。此时，相当于取了一个定向为 $x$。(2) 关于 $y \to -y$ 的奇偶验，可以把扰动分为奇校验和偶校验。在此考虑奇校验。(3) 选取了径向规范。

将上面的扰动代入式 4-56~ 式 4-58，并利用式 4-64 和式 4-66，可得到下面扰动的耦合方程

$$k^2 h_{ty} + 4\sqrt{3}\partial_\zeta a_y - 24\zeta\partial_\zeta h_{ty} - 12\zeta^2\partial_\zeta^2 h_{ty} - k\partial_t h_{xy} = 0 \tag{4-71}$$

$$k\partial_\zeta h_{xy} - 4\sqrt{3}\partial_t a_y + 12\zeta^2\partial_t\partial_\zeta h_{ty} = 0 \tag{4-72}$$

$$\partial_\zeta^2 h_{xy} + k\partial_t h_{ty} - \partial_t^2 h_{xy} = 0 \tag{4-73}$$

$$k^2 a_y + 2\sqrt{3}k\beta\psi + 12\zeta^2(2\sqrt{3}\partial_\zeta h_{ty} + \partial_t^2 a_y - \partial_\zeta^2 a_y) = 0 \tag{4-74}$$

$$2\sqrt{3}k\beta a_y + (k^2 + m^2)\psi + 12\zeta^2(\partial_t^2\psi - \partial_\zeta^2\psi) = 0 \tag{4-75}$$

式 4-71~ 式 4-73 分别为爱因斯坦方程的 $ty$、$\zeta y$ 和 $xy$ 分量。其中，式 4-71 对 $t$ 求导加上式 4-72 对 $\zeta$ 求导，可以得到式 4-73。这表明，三个爱因斯坦方程中，仅仅有两个是独立的。式 4-74 为麦克斯韦方程的 $y$ 分量，而式 4-75 为标量场方程。

为简化方程，导入如下的辅助场 $J_{xy}$

$$kJ_{xy} \equiv 4\sqrt{3}a_y - 12\zeta^2\partial_\zeta h_{ty} \tag{4-76}$$

那么式 4-72 可重新表达为

$$\partial_\zeta h_{xy} = \partial_t J_{xy} \tag{4-77}$$

根据上面两个方程，扰动的度规分量 $h_{ty}$ 和 $h_{xy}$ 可以通过辅助场 $J_{xy}$ 和扰动规范场 $a_y$ 表示。剩下式 4-74、式 4-75 以及式 4-71 对 $\zeta$ 的导数可以写成如下的本征值方程

$$\nabla^2_{\mathrm{AdS}_2}\boldsymbol{v} = M^2\boldsymbol{v} \tag{4-78}$$

$\nabla^2_{\mathrm{AdS}_2}$ 为曲率半径为 $L_2$ 的 $\mathrm{AdS}_2$ 空间的标量拉普拉斯算子。$\boldsymbol{v} = (J_{xy}, a_y, \phi)$ 为三矢量。$\boldsymbol{M}^2$ 为质量矩阵

$$\boldsymbol{M}^2 = \begin{pmatrix} k^2 & -4\sqrt{3}k & 0 \\ -2\sqrt{3}k & k^2+24 & 2\sqrt{3}\beta k \\ 0 & 2\sqrt{3}\beta k & k^2+m^2 \end{pmatrix} \tag{4-79}$$

可以根据质量矩阵的本征值 $m_v^2$ 是否破坏了 $\mathrm{AdS}_2$ BF 边界来判断系统的不稳定性。要注意的是，$m_{BF}^2 = -d^2/4L^2$，而对 $\mathrm{AdS}_2$ 而言，$d = 1$，$L^2 = L_2^2 = 1/12$，所以 $m_{BF}^2 = -3$。关于不稳定性范围及 $\mathrm{AdS}_4$ 的不稳定性讨论，可参考文献 [111]~[114] 做类似讨论，在此不详述。

## 4.4 全息 massive 引力简介

在前面，讨论了两种平移对称性破缺的机制。一是手动导入共形边界上的非均匀的化学势或标量场的源，从而引起 bulk 几何的平移对称性的破缺。另一种机制是直接在 bulk 几何中的作用量中导入拓扑项，从而使得平移对称性自发破缺。由于对称性的破缺，通常需要非常复杂的数值计算来解 bulk 中的运动方程。

除了上面两种机制外，本节将讨论另外一种破缺平移对称性的机制。Ward 恒等式表明，$x$ 方向上的平移不变意味着度规场 $g_{tx}$ 有一移位对称性 (shift symmetry)。因此，要破缺平移不变性，移位对称性必须被破缺。最简单的一个实现是加一引力子的质量项[115]

$$\mathcal{L}_I = \sqrt{-g}m^2\delta g_{tx}\delta g^{tx} \tag{4-80}$$

类似的引力子质量项在 massive 引力已导入[117, 118]。在 massive 引力中，由于微分同胚对称性的破缺，导致动量不再守恒。但是，由

于引力子质量项的导入，这样的 massive 引力理论是不稳定的。最近，通过在拉格朗日量中导入高阶相互作用项，非线性 massive 引力被构建[119]。在此 massive 引力框架下，可以消除 Boulware-Deser ghost。因此，本节将讨论全息的非线性 massive 引力以及其特点。

### 4.4.1 全息 massive 黑膜解

包括宇宙常数的非线性 massive 引力作用量为

$$S_{MG} = \frac{1}{2\kappa^2}\int \mathrm{d}^4x\sqrt{-g}\left[R + \Lambda + m_g^2\Sigma_{i=1}^4 c_i U_i(g,f) - \frac{L^2}{4}F_{ab}F^{ab}\right] \tag{4-81}$$

式中，$\Lambda = \dfrac{6}{L^2}$；$f$ 为参考度规；$c_i$ 为常数；$U_i$ 是 $4\times 4$ 矩阵 ${K^\mu}_\nu \equiv \sqrt{g^{\mu\alpha}f_{\alpha\nu}}$ 的本征值的对称化多项式

$$\begin{aligned}
U_1 &= [K] \\
U_2 &= [K]^2 - [K^2] \\
U_3 &= [K]^3 - 3[K][K^2] + 2[K^3] \\
U_4 &= [K]^4 - 6[K^2][K]^2 + 8[K^3][K] + 3[K^2]^2 - 6[K^4]
\end{aligned} \tag{4-82}$$

式中，$[K] \equiv {K^\mu}_\mu$；$[K^2] \equiv {(K^2)^\mu}_\mu$ 等。选择如下的参考度规[115]

$$f_{\mu\nu} = (f_{\text{sp}})_{\mu\nu} = \text{diag}(0, 0, \lambda^2, \lambda^2) \tag{4-83}$$

坐标基为 $(t,\ u,\ x,\ y)$。非常明显，此参考度规是奇异的。而正是这样的奇异性，导致了 $x$、$y$ 方向上平移对称性的破缺。在此，仅讨论 $\lambda$ 为常数的情况。因此，仅仅有两个非零的空间引力子质量项

$$m_g^2 U_{sp} = m_g^2(\alpha U_1 + \beta U_2) \tag{4-84}$$

$\alpha$ 和 $\beta$ 对应于 $c_1$ 和 $c_2$ 的两个参数。利用变分原理，从式 4-81 中，可取得包括引力子质量项的爱因斯坦方程

$$R_{\mu\nu} - \frac{1}{2}g_{\mu\nu}R - \frac{1}{2}g_{\mu\nu}\Lambda + m_g^2 X_{\mu\nu} - \frac{L^2}{2}g^{\rho\sigma}F_{\mu\rho}F_{\nu\sigma} + \frac{L^2}{8}g_{\mu\nu}F_{\rho\sigma}F^{\rho\sigma} = 0 \tag{4-85}$$

其中

$$X_{\mu\nu}=\frac{\alpha}{2}\left(K_{\mu\nu}-[K]g_{\mu\nu}\right)-\beta\left[(K^2)_{\mu\nu}-[K]K_{\mu\nu}+\frac{1}{2}g_{\mu\nu}([K]^2-[K^2])\right] \tag{4-86}$$

$t-t$ 分量给出关于红移因子的微分方程

$$2uf'(u)-6f(u)+2\alpha\lambda Lm_g^2u+2\beta\lambda^2m_g^2u^2+6-\frac{\mu^2u^4}{2u_h^2}=0 \tag{4-87}$$

此方程的解如下

$$\mathrm{d}s^2=L^2\left[-\frac{f(u)}{u^2}\mathrm{d}t^2+\frac{1}{u^2f(u)}\mathrm{d}u^2+\frac{1}{u^2}(\mathrm{d}x^2+\mathrm{d}y^2)\right] \tag{4-88}$$

$$A_t=\mu\left(1-\frac{u}{u_h}\right) \tag{4-89}$$

其中，红移因子为

$$f(u)=1-Mu^3+\frac{\mu^2}{4u_h^2}u^4+\alpha\lambda\frac{Lm_g^2}{2}u+\beta\lambda^2m_g^2u^2 \tag{4-90}$$

霍金温度为

$$T=\frac{1}{4\pi u_h}\left[3-\left(\frac{\mu u_h}{2}\right)^2+\lambda u_hm_g^2(\alpha L+\beta\lambda u_h)\right] \tag{4-91}$$

非常明显，如果 $m_g=0$ 或者 $\lambda=0$，上面的黑膜解约化到标准的 AdS-RN 黑膜解。当

$$u_{\min}=\frac{\sqrt{3}}{\sqrt{m_g^2\lambda^2\beta-\dfrac{\mu^2}{4}}} \tag{4-92}$$

时，函数 $T(u_h)$ 有一最小温度为 $T=T(u_{\min})$。低于此临界温度，黑膜不稳定。为计算方便，做如下重标度

$$(t,u,x,y)\to u_h(t,u,x,y),\quad M\to\frac{M}{u_h^3},\quad \mu\to\frac{\mu}{u_h}$$

$$m_g\to\frac{m_g}{L},\quad \lambda\to\lambda\frac{L}{u_h},\quad A_t\to\frac{1}{u_h}A_t \tag{4-93}$$

在上面重标度下，可设 $L=1$ 和 $u_h=1$。因此，红移因子 $f(u)$ 和规范场 $A_t$ 可分别重写为

$$f(u)=1-Mu^3+\frac{\mu^2}{4}u^4+\alpha\lambda\frac{m_g^2}{2}u+\beta\lambda^2m_g^2u^2 \tag{4-94}$$

$$A_t=\mu(1-u) \tag{4-95}$$

式中，$M=1+\dfrac{\mu^2}{4}+\dfrac{1}{2}\alpha\lambda m_g^2+\beta\lambda^2m_g^2$。此外，也有下面的无量纲温度

$$T=\frac{1}{4\pi}\left[3-\frac{\mu^2}{4}+\lambda m_g^2(\alpha+\beta\lambda)\right] \tag{4-96}$$

当 $\mu=2\sqrt{3+\lambda m_g^2(\alpha+\beta\lambda)}$ 时，可取得零温极限。此时，$M=4+\lambda m_g^2\left(\dfrac{3}{2}\alpha+2\beta\lambda\right)$。因此，在极端黑洞的情况，当 $u\to1$ 时，红移因子 $f(u)$ 为

$$f(u)|_{T=0,u\to1}\approx\left[6+\lambda m_g^2\left(\frac{3}{2}\alpha+\beta\lambda\right)\right](u-1)^2\equiv\frac{1}{L_2^2}(u-1)^2 \tag{4-97}$$

在此，已定义 $L_2\equiv1/\sqrt{6+\lambda m_g^2\left(\dfrac{3}{2}\alpha+\beta\lambda\right)}$。因此，在零温情况，非线性 massive 引力的黑膜和 RN-AdS 黑膜有相同的近视界几何。但 $AdS_2$ 的曲率半径 $L_2$ 包含非线性 massive 引力的信息。在下面的计算中，将设 $\lambda=1$ 和 $\tilde{m}_g^2(r)=-\left(2\beta+\dfrac{\alpha}{u}\right)m_g^2$。

### 4.4.2 扰动方程和电导率

要取得线性扰动方程，度规 $g_{\mu\nu}$ 和规范场 $A_\mu$ 可展开如下

$$g_{\mu\nu}=g_{\mu\nu}^{(0)}+h_{\mu\nu},\qquad A_\mu=A_\mu^{(0)}+a_\mu \tag{4-98}$$

做傅里叶变换

$$h_{\mu\nu}(t,x,u)\propto\mathrm{e}^{-i\omega t+ikx}h_{\mu\nu}(u),\qquad a_\mu(t,x,u)\propto\mathrm{e}^{-i\omega t+ikx}a_\mu(u) \tag{4-99}$$

由于 $(x,y)$ 平面的旋转对称性，可以设 $k_y=0$ 和 $k_x=k$。根据奇偶校验对称性 (CP 镜像对称)，扰动 $h_{\mu\nu}(u)$ 和 $a_\mu(u)$ 可分为两类。一类是

奇校验 (负宇称)，如 $h_{ty}$、$h_{uy}$、$h_{xy}$ 和 $a_y$，这类扰动转换成边界对偶场论的剪切或荷扩散模式。而另外一种扰动具有偶校验对称性 (正宇称)，如 $h_{tt}$、$h_{tu}$、$h_{tx}$、$h_{ux}$、$h_{uu}$、$h_{xx}$、$h_{yy}$、$a_t$、$a_u$ 和 $a_x$，这类扰动转换成对偶场论的声模。

因为极端非线性 massive 黑膜的近视界几何为 $AdS_2\times\mathbb{R}^2$，所以可利用 IR 几何和 UV 几何匹配的方法，解析导出边界格林函数及相关的输运因子❶，相关讨论可参考文献 [120]。本节仅讨论非线性 massive 黑膜 DC 电导率的普适性质，相关讨论亦可参考文献 [123]。

通常，在 RN-AdS 黑膜背景下考虑式 4-98，类似于 3.1.4 小节的讨论，在径向规范下，可仅考虑扰动 $h_{xt}$ 和 $a_x$。但是，在 massive 引力的情况下，由于微分同胚破缺，除了打开规范场扰动 $a_x$ 和度规扰动 $h_{tx}$ 外，还必须打开径向度规扰动 $h_{ux}$。同时，设 $k=0$，则扰动麦克斯韦方程为[123]

$$(fa_x')'+\frac{\omega^2}{f}a_x=-A_t'u^2\left(h_{tx}'+\frac{2}{u}h_{tx}+i\omega h_{ux}\right)\tag{4-100}$$

同时，扰动爱因斯坦方程为[123]

$$(h_{tx}'+\frac{2}{u}h_{tx}+i\omega h_{ux}+A_t'a_x)'=\frac{\tilde{m}_g^2(r)}{f}h_{tx}\tag{4-101}$$

$$(h_{tx}'+\frac{2}{u}h_{tx}+i\omega h_{ux}+A_t'a_x)=\frac{if\tilde{m}_g^2(r)}{\omega}h_{ux}\tag{4-102}$$

式中，$\tilde{m}_g^2(r)=-2\beta-\alpha/r$。上面三个方程是独立的。这也进一步说明了在 massive 引力的情况下，必须打开径向度规扰动 $h_{ux}$。

现在，先看特殊的情况。当 $\tilde{m}_g^2=0$ 时，即 RN-AdS 黑膜的扰动情况。此时，扰动的麦克斯韦方程和爱因斯坦方程分别为

$$(fa_x')'+\frac{\omega^2}{f}a_x=-A_t'u^2(h_{tx}'+\frac{2}{u}h_{tx})\tag{4-103}$$

$$(h_{tx}'+\frac{2}{u}h_{tx}+A_t'a_x)'=0\tag{4-104}$$

$$h_{tx}'+\frac{2}{u}h_{tx}+A_t'a_x=0\tag{4-105}$$

❶ 在文献 [25] 中已利用 IR 几何和 UV 几何匹配的方法求出极端 RN-AdS 黑膜的费米格林函数。

非常明显，从式 4-105 可推出式 4-104。利用式 4-105，可将式 4-103 化为关于规范场的二阶微分方程

$$(fa_x')' + \frac{\omega^2}{f}a_x = \boldsymbol{Q}^2 r^2 a_x \tag{4-106}$$

在上面，已设 $A_t' = -\boldsymbol{Q}$。做类似 3.1.3 小节关于电导率的讨论，可得电导率表达式为

$$\sigma(\omega) = \frac{a_x'}{i\omega a_x}|_{u=0} \tag{4-107}$$

当 $\boldsymbol{Q} = 0$ 时，即化学势为零，对应于施瓦西 -AdS 黑洞。在 $\omega \to 0$ 极限下，从式 4-103 中发现有一守恒量，$\Pi = f(u)a_x'$，这是 $a_x$ 的径向共轭动量。因此，可定义一虚拟的膜片 DC 电导率

$$\sigma_{\rm DC}(r) = \lim_{\omega\to 0}\frac{\Pi}{i\omega a_x}|_u \tag{4-108}$$

在 UV 共形边界，$u = 0$，$f(u) = 1$，此虚拟的电导率和 $\omega \to 0$ 极限下的对偶场论的电导率 (式 4-107) 一致。另一方面，在视界 $u = 1$ 处，上面的虚拟电导率可看做视界处的电导率。$\sigma_{\rm DC}$ 并不随 $u$ 而变[122]，从而共形场论的电导率不敏感于 bulk 几何，而仅仅依赖视界的几何特征。此外，要解运动方程 (式 4-106)，需要在视界处加上入射波边界条件

$$a_x \propto f(u)^{-i\omega/4\pi T} \tag{4-109}$$

因此，在视界处的共轭动量 $\Pi$ 为

$$\Pi = f(u)a_x' = -\frac{i\omega}{4\pi T}f' a_x = i\omega a_x \tag{4-110}$$

第二个等号利用了式 4-109，最后一个等号利用了霍金温度的定义 $T = -\frac{f'(1)}{4\pi}$。利用式 4-108 和式 4-110，容易得到化学势为 0 时，对偶场论的 DC 电导率为 $\sigma_{\rm DC} = 1$。此电导率实部为 1，虚部为 0。这正是施瓦西 -AdS 黑膜几何背景的 DC 电导率。

如果化学势不为零，即 RN-AdS 黑膜几何背景的情况，电导率不再是常数。而是

$$\sigma \propto Q^2\left[\delta(\omega) - \frac{1}{i\omega}\right] \tag{4-111}$$

即 DC 电导率的虚部在 $\omega=0$ 处有一无限大的极值，而在实部有一 $\delta$ 函数。正如前面所讨论的，这是平移对称性的结果。

现在，重新回到式 4-101 和式 4-102。尽管此两方程不再等效，但是也给出了如下的约束

$$(m^2(r)fh_{ux})' = -\frac{i\omega m^2(r)}{f}h_{ux} \tag{4-112}$$

利用此约束方程，可消掉 $h_{tx}$。最终可导致关于 $a_x$ 和 $\tilde{h}_{ux}=fh_{ux}$ 的耦合方程组[123]

$$\begin{pmatrix} L_1 & 0 \\ 0 & L_2 \end{pmatrix}\begin{pmatrix} a_x \\ \tilde{h}_{ux} \end{pmatrix} + \frac{\omega^2}{f}\begin{pmatrix} a_x \\ \tilde{h}_{ux} \end{pmatrix} = \boldsymbol{M}\begin{pmatrix} a_x \\ \tilde{h}_{ux} \end{pmatrix} \tag{4-113}$$

$L_1$ 和 $L_2$ 为线性微分算符，而 $\boldsymbol{M}$ 为质量矩阵

$$\boldsymbol{M} = \begin{pmatrix} \boldsymbol{Q}^2u^2 & \tilde{m}_g^2\boldsymbol{Q}u^2/i\omega \\ \boldsymbol{Q}i\omega & \tilde{m}_g^2 \end{pmatrix} \tag{4-114}$$

此质量矩阵的行列式 $\det\boldsymbol{M}=0$。这表明，在极限 $\omega\to 0$ 的情况下，扰动场 $a_x$ 和 $\tilde{h}_{ux}$ 的一个特定组合并不随径向坐标 $u$ 演化。类似施瓦西 - AdS 黑膜几何的讨论，可得到 DC 电导率的表达[123]

$$\sigma_{DC} = 1 + \frac{\boldsymbol{Q}^2}{\tilde{m}_g^2(r_0)} \tag{4-115}$$

所以，相比于 RN-AdS 黑膜几何的情况，电导率实部不再是一 $\delta$ 函数，而是一有限值。电导率和频率的具体关系可参考文献 [115]、[120]。文献 [115]、[120] 的数值和解析结果表明，在全息 massive 引力框架下，可得到和格点模型[97, 98, 100] 类似的结果，即在低频，光学电导率的实部和虚部可以由简单的 Drude 形式来描述。在中间频率段，光学导电性从 Drude 形式转变为幂次律形式 (有一个常数的补偿)。和格点模型不一样的是，在全息 massive 引力中，幂次律的指数是未定的，而在全息格点模型中，幂次律为的幂次约为 $-2/3$。此外，由于全息 massive 引力的启发，在文献 [116] 中，作者发现全息格点通过引力版本的希格斯机制诱导出引力子的有效质量。

# 参 考 文 献

[1] Green M, Schwarz J, Witten E. Superstring theory Vols Ⅰ and Ⅱ [M]. Cambrideg: Cambridge University Press, 1988.

[2] Polchinski J. String theory[M]. Cambrideg: Cambridge University Press, 1998.

[3] Johnson C V. D-Branes[M]. Cambrideg: Cambridge University Press, 2003.

[4] Zweibach B. A first course in string theory[M]. Cambrideg: Cambridge University Press, 2004.

[5] Becker K, Becker M, Schwatz J. Introduction to string theory and M-theory[M]. Cambrideg: Cambridge University Press, 2007.

[6] Kiritsis E. String theory in a nutshell[M]. Princeton: Princeton University Press, 2007.

[7] Zwiebach B. A first course in string theory[M]. Cambrideg: Cambridge University Press, 2004.

[8] Kim Y, Shin I J, Tsukioka T. Holographic QCD: past, present, and future[J]. Prog. Part. Nucl. Phys., 2013, 68: 55～112.

[9] Bachas C P. Lectures on D-branes[J/OL]. arXiv:hep-th/9806199.

[10] Giveon A, Kutasov D. Brane dynamics and gauge theory[J]. Rev. Mod. Phys., 1999, 71: 983.

[11] Polchinski J. Dirichlet-branes and Ramond-Ramond Charges[J]. Phys. Rev. Lett., 1995, 75: 4724.

[12] Polchinski J. TASI Lectures on D-branes[J/OL]. arXiv:hep-th/9611050.

[13] Marolf D, Martucci L, Silva P J. Fermions, T duality and effective actions for D-branes in bosonic backgrounds[J]. JHEP, 2003, 0304: 51.

[14] G 't Hooft. Dimensional Reduction in Quantum Gravity[J/OL]. arXiv:gr-qc/9310026.

[15] Maldacena J M. The large N limit of superconformal field theories and supergravity[J]. Int. J. Theor. Phys., 1999, 38: 1133.

[16] Gubser S S, Klebanov I R, Polyakov A M. Gauge theory correlators from non-critical string theory[J]. Phys. Lett. B, 1998, 428: 105～114.

[17] Witten E. Anti-de Sitter space and holography[J]. Adv. Theor. Math. Phys., 1998, 2: 253～291.

[18] Erdmenger J, Evans N, Kirsch I, et al. Mesons in gauge/gravity duals - a review[J]. Eur. Phys. J. A, 2008, 35: 81～133.

[19] Breitenlohner P, Freedman D J. Positive energy in anti-de Sitter backgrounds and gauged extended supergravity[J]. Phys. Lett. B, 1982, 115: 197.

[20] Breitenlohner P, Freedman D J. Stability in gauged extended supergravity[J]. Annals Phys., 1982, 144: 249.

[21] Klebanov I R, Witten E. AdS/CFT Correspondence and Symmetry Breaking[J], Nucl. Phys. B 1999, 556: 89~114.

[22] Son D T, Starinets A O. Minkowski space correlators in AdS/CFT correspondence: recipe and applications[J]. JHEP, 2002, 0209: 42.

[23] Romans L J. Supersymmetric, cold and lukewarm black holes in cosmological Einstein-Maxwell theory[J]. Nucl. Phys. B, 1992, 383: 395.

[24] Chamblin A, Emparan R, Johnson C V, et al. Charged AdS black holes and catastrophic holography[J]. Phys. Rev. D, 1999, 60, 064018.

[25] Faulkner T, Liu H, McGreevy J, et al. Emergent quantum criticality, Fermi surfaces, and AdS2[J]. Phys. Rev. D, 2011, 83, 125002.

[26] Hertz J A. Quantum critical phenomena[J]. Phys. Rev. B, 1976, 14: 1165.

[27] Kachru S, Liu X, Mulligan M. Gravity duals of Lifshitz-like fixed points[J]. Phys. Rev. D, 2008, 78, 106005.

[28] Danielsson U H, Thorlacius L. Black holes in asymptotically Lifshitz spacetime[J], JHEP, 2009, 0903: 70.

[29] Mann R B. Lifshitz topological black holes[J]. JHEP, 2009, 0906: 75.

[30] Bertoldi G, Burrington B A, Peet A. Black Holes in asymptotically Lifshitz spacetimes with arbitrary critical exponent[J]. Phys. Rev. D, 2009, 80, 126003.

[31] Taylor M. Non-relativistic holography[J/OL]. arXiv:0812.0530.

[32] Pang D W. A note on black holes in asymptotically Lifshitz spacetime[J/OL]. arXiv: 0905.2678.

[33] Pang D W. On Charged Lifshitz Black Holes[J]. JHEP, 2010, 1001: 116.

[34] Balasubramanian K, McGreevy J. An analytic Lifshitz black hole[J]. Phys. Rev. D, 2009, 80, 104039.

[35] Ayon-Beato E, Garbarz A, Giribet G, et al. Lifshitz black hole in three dimensions[J]. Phys. Rev. D, 2009, 80, 104029.

[36] Cai R G, Liu Y, Sun Y W. A Lifshitz black hole in four dimensional R2 gravity[J]. JHEP, 2009, 0910: 80.

[37] Myung Y S, Kim Y W, Park Y J, Dilaton gravity approach to three dimensional Lifshitz black hole[J]. Eur. Phys. J. C, 2010, 70: 335~340.

[38] Dehghani M H, Pourhasan R, Mann R B. Charged Lifshitz black holes[J]. Phys. Rev. D, 2011, 84, 046002.

[39] Keranen V, Thorlacius L. Thermal correlators in holographic models with Lifshitz scaling[J]. Class. Quant. Grav., 2012, 29, 194009.

[40] Tarrio J, Vandoren S. Black holes and black branes in Lifshitz spacetimes[J]. JHEP, 2011, 1109: 17.

[41] Hartnoll S A, Polchinski J, Silverstein E, et al. Towards strange metallic holography[J]. JHEP, 2010, 1004: 120.

[42] Ryu S, Takayanagi T. Holographic derivation of entanglement entropy from AdS/CFT[J]. Phys. Rev. Lett., 2006, 96, 181602.

[43] Ryu S, Takayanagi T. Aspects of holographic entanglement entropy[J]. JHEP, 2006, 0608: 45.

[44] Ogawa N, Takayanagi T, Ugajin T. Holographic Fermi surfaces and entanglement entropy[J]. JHEP, 2012; 1201: 125.

[45] Huijse L, Sachdev S, Swingle B. Hidden Fermi surfaces in compressible states of gauge- gravity duality[J]. Physical Review B, 2012, 85, 035121.

[46] Dey P, Roy S. Holographic entanglement entropy of the near horizon 1/4 BPS F-Dp bound states[J]. Phys. Rev. D, 2013, 87, 6, 066001.

[47] Singh H. Special limits and non-relativistic solutions[J]. JHEP, 2010, 1012: 61.

[48] Narayan K. On Lifshitz scaling and hyperscaling violation in string theory[J], Phys. Rev. D, 2012, 85, 106006.

[49] Singh H. Lifshitz/Schrodinger Dp-branes and dynamical exponents[J]. JHEP, 2012, 1207: 82.

[50] Dey P, Roy S. Lifshitz-like space-time from intersecting branes in string/M theory[J/OL]. arXiv:1203.5381.

[51] Dey P, Roy S. Intersecting D-branes and Lifshitz-like space-time[J/OL]. arXiv:1204.4858.

[52] Dey P, Roy S. Lifshitz metric with hyperscaling violation from NS5-Dp states in string theory[J/OL]. arXiv:1209.1049.

[53] Alishahiha M, Colgain E, Yavartanoo H. Charged black branes with hyperscaling violating factor[J]. JHEP, 2012, 11: 137.

[54] Gubser S S, Rocha F D. Peculiar properties of a charged dilatonic black hole in $AdS_5$[J]. Phys. Rev. D, 2010, 81, 046001.

[55] Goldstein K, Kachru S, Prakash S, et al. Holography of charged dilaton black holes[J]. JHEP, 2010, 1008: 78.

[56] Herzog C P, Klebanov I R, Pufu S S, et al. Emergent quantum near-criticality from baryonic black branes[J]. JHEP, 2010, 1003: 93.

[57] Gubser S S, Ren J. Analytic fermionic Green's functions from holography[J]. Phys. Rev. D, 2012, 86, 046004.

[58] Li J, Liu H S, Lu H, et al. Fermi surfaces and analytic green's functions from conformal gravity[J]. JHEP, 2013, 1302: 109.

[59] Lu H, Wang Z L. Exact Green's function and fermi surfaces from conformal gravity[J]. Phys. Lett. B, 2013, 718: 1536~1542.

[60] Gubser S S, Mitra I. The evolution of unstable black holes in anti-de Sitter space[J]. JHEP, 2001, 08: 018.

[61] Liu H, McGreevy J, Vegh D. Non-Fermi liquids from holography[J]. Phys.

Rev. D, 2011, 83, 065029.

[62] Iqbal N, Liu H, Mezei M. Lectures on holographic non-Fermi liquids and quantum phase transitions[J/OL]. arXiv:1110.3814.

[63] 梁灿彬，周彬. 微分几何入门与广义相对论 [M]. 北京：科学出版社，2006.

[64] Wald R M. General Relativity[M]. Chicago and London: The University of Chicago Press, 1984.

[65] Wu J P. Holographic fermions in charged Gauss-Bonnet black hole[J]. JHEP, 2011, 1107: 106.

[66] Sachdev S. Holographic metals and the fractionalized Fermi liquid[J]. Physical Review Letters, 2010, 105, 151602.

[67] Cubrovic M, Zaanen J, Schalm K. String theory, quantum phase transitions and the emergent Fermi-liquid[J]. Science, 2009, 325:439~444.

[68] Laia J N, Tong D. A holographic flat band[J]. JHEP, 2011, 1111:125.

[69] Laia J N, Tong D. Flowing between fermionic fixed points[J]. JHEP, 2011, 1111: 131.

[70] Li W J, Zhang H. Holographic non-relativistic fermionic fixed point and bulk dipole coupling[J]. JHEP, 2011, 1111: 18.

[71] Li W J, Meyer R, Zhang H. Holographic non-relativistic fermionic fixed point by the charged dilatonic black hole[J]. JHEP, 2012, 01: 153.

[72] Li W J, Wu J P. Holographic fermions in charged dilaton black branes[J]. Nucl. Phys. B, 2013, 867: 810~826.

[73] Son D T. Toward an AdS/cold atoms correspondence: a geometric realization of the Schrodinger symmetry[J]. Phys. Rev. D, 2008, 78, 046003.

[74] Balasubramanian K, McGreevy J. Gravity duals for non-relativistic CFTs[J]. Phys. Rev. Lett., 2008, 101, 061601.

[75] Wu J P. The analytical treatments on the low energy behaviors of the holographic non-relativistic fermions[J]. Phys. Lett. B, 2013, 723: 448.

[76] Gubser S S. Breaking an Abelian gauge symmetry near a black hole horizon[J]. Phys. Rev. D, 2008, 78, 065034.

[77] Hartnoll S A, Herzog C P, Horowitz G T. Holographic Superconductors[J]. JHEP, 2008, 0812: 15.

[78] Hartnoll S A, Herzog C P, Horowitz G T. Building an AdS/CFT superconductor[J]. Phys. Rev. Lett., 2008, 101, 031601.

[79] Horowitz G T. Introduction to holographic superconductors[J/OL]. arXiv:1002.1722.

[80] Gomes K K, Pasupathy A N, Pushp A, et al. Visualizing pair formation on the atomic scale in the high-Tc superconductor $Bi_2Sr_2CaCu_2O_8$+d[J]. Nature, 2007, 447: 569.

[81] Ritz A, Ward J. Weyl corrections to holographic conductivity[J]. Phys. Rev.

D, 2009, 79, 066003.

[82] Myers R C, Sachdev S, Singh A. Holographic quantum critical transport without self-duality[J]. Phys. Rev. D, 2011, 83, 066017.

[83] Damle K, Sachdev S. Non-zero temperature transport near quantum critical points[J]. Phys. Rev. B, 1997, 56: 8714.

[84] Horowitz G T, Roberts M M. Holographic superconductors with various condensates[J]. Phys. Rev. D, 2008, 78, 126008.

[85] Kobayashi S, Mateos D, Matsuura S, et al. Holographic phase transitions at finite baryon density[J]. JHEP, 2007, 0702: 16.

[86] Babington J, Erdmenger J, Evans N, et al. Chiral symmetry breaking and pions in non-supersymmetric gauge/gravity duals[J]. Phys. Rev. D, 2004, 69, 066007.

[87] Witten E. Baryons and branes in anti de Sitter space[J]. JHEP, 1998, 9807: 6.

[88] Ammon M, Erdmenger J, Kaminski M et al. Superconductivity from gauge/gravity duality with flavor[J]. Phys. Lett. B, 2009, 680: 516~520.

[89] Ammon M, Erdmenger J, Kaminski M, et al. Flavor superconductivity from gauge/gravity duality[J]. JHEP, 2009, 0910: 67.

[90] Gubser S S, Pufu S S. The gravity dual of a p-wave superconductor[J]. JHEP, 2008, 0811: 33.

[91] Roberts M M, Hartnoll S A. Pseudogap and time reversal breaking in a holographic superconductor[J]. JHEP, 2008, 0808: 35.

[92] Hartnoll S A, Hofman D M. Locally critical resistivities from umklapp scattering[J]. Phys. Rev. Lett., 2012, 108, 241601.

[93] Maeda K, Okamura T, Koga J. Inhomogeneous charged black hole solutions in asymptotically anti-de Sitter spacetime[J]. Phys. Rev. D, 2012, 85, 066003.

[94] Liu Y, Schalm K, Sun Y W, et al. Lattice potentials and fermions in holographic non fermi-liquids: hybridizing local quantum criticality[J]. JHEP, 2012, 1210: 36.

[95] Flauger R, Pajer E, Papanikolaou S. A striped holographic superconductor[J]. Phys. Rev. D, 2011, 83, 064009.

[96] Hutasoit J A, Siopsis G, Therrien J. Conductivity of strongly coupled striped superconductor[J/OL]. arXiv:1208.2964.

[97] Horowitz G T, Santos J E, Tong D. Optical conductivity with holographic lattices[J]. JHEP, 2012, 1207: 168.

[98] Horowitz G T, Santos J E, Tong D. Further evidence for lattice-induced scaling[J]. JHEP, 2012, 1211: 102.

[99] Horowitz G T, Santos J E. General relativity and the cuprates[J/OL]. arXiv:1302.6586.

[100] Ling Y, Niu C, Wu J P, et al. Holographic lattice in Einstein-Maxwell-Dilaton gravity[J]. JHEP, 2013, 1311: 6.

[101] Ling Y, Niu C, Wu J P, et al. Holographic fermionic liquid with lattices[J]. JHEP, 2013, 1307: 45.

[102] Headrick M, Kitchen S, Wiseman T. A new approach to static numerical relativity, and its application to Kaluza-Klein black holes[J]. Class. Quant. Grav., 2010, 27, 035002.

[103] Figueras P, Lucietti J, Wiseman T. Ricci solitons, Ricci flow, and strongly coupled CFT in the Schwarzschild Unruh or Boulware vacua[J]. Class. Quant. Grav., 2011, 28, 215018.

[104] Van der Marel D, et al. Power-law optical conductivity with a constant phase angle in high Tc superconductors[J]. Nature, 2003, 425: 271.

[105] Azrak A, et al. Infrared properties of $YBa_2Cu_3O_7$ and $Bi_2Sr_2Ca_{n-1}$ $Cu_nO_{2n+4}$ thin films[J]. Phys. Rev. B, 1994, 49: 9846.

[106] Van der Marel D, et al. Scaling properties of the optical conductivity of Bi-based cuprates[J]. Ann. Phys., 2006, 321: 1716.

[107] Takenaka K, Shiozaki R, Okuyama S, et al. Coherent-to-incoherent crossover in the optical conductivity of $La_{2-x}Sr_xCuO_4$: charge dynamics of a bad metal[J]. Phys. Rev. B, 2002, 65, 092405.

[108] Faulkner T, Horowitz G T, McGreevy J et al. Photoemission "experiments" on holographic superconductors[J]. JHEP, 2010, 1003: 121.

[109] Benini F, Herzog C P, Yarom A. Holographic Fermi arcs and a d-wave gap[J]. Phys. Lett. B, 2011, 701: 626.

[110] Kanigel A, et al. Evolution of the pseudogap from Fermi arcs to the nodal liquid[J]. Nature Phys., 2006, 2: 447.

[111] Nakamura S, Ooguri H, Park C S. Gravity dual of spatially modulated phase[J]. Phys. Rev. D, 2010, 81, 044018.

[112] Ooguri H, Park C S. Holographic end-point of spatially modulated phase transition[J]. Phys. Rev. D, 2010, 82, 126001.

[113] Donos A, Gauntlett J P. Holographic striped phases[J]. JHEP, 2011, 1108: 140.

[114] Donos A, Gauntlett J P. Holographic charge density waves[J/OL]. arXiv: 1303.4398.

[115] Vegh D. Holography without translational symmetry[J/OL]. arXiv: 1301.0537.

[116] Blake M, Tong D, Vegh D. Holographic lattices give the graviton a mass[J/OL]. arXiv:1310.3832.

[117] Van Dam D, Veltman M G. Massive and massless Yang-Mills and gravitational field[J]. Nucl. Phys. B, 1970, 22: 397.

[118] Zakharov V I. Linearized gravitation theory and the graviton mass[J]. JETP Lett., 1970, 12: 312.

[119] de Rham claudia, Gabadadze G, Tolley A J. Resummation of massive gravity[J]. Phys. Rev. Lett., 2011, 106, 231101.

[120] Davison R A. Momentum relaxation in holographic massive gravity[J]. Phys. Rev. D, 2013, 88, 086003.

[121] Blake M, Tong D. Universal resistivity from holographic massive gravity[J]. Phys. Rev. D, 2013, 88, 106004.

[122] Iqbal N, Liu H. Universality of the hydrodynamic limit in AdS/CFT and the membrane paradigm[J]. Phys. Rev. D, 2009, 79, 025023.

[123] Blake M, Tong D, Vegh D. Holographic lattices give the graviton a mass[J/OL]. arXiv:1310.3832.